KLINKA • FLOH & CO.

RATGEBER RUND UM DIE KATZE

Christine Klinka

Floh & Co.

Schach den Parasiten

Müller Rüschlikon

Einbandgestaltung: Katja Draenert
Lektorat: Myrta Baumberger
Titelbild: Binder / Zeichnung nach Mehlhorn

Mein Dank geht an Prof. Mehlhorn
für die Erlaubnis, seine schematischen Darstellungen zu kopieren –
sowie an Monika Binder und alle »Begründer« meines Bildarchivs

ISBN 3-275-01456-0

1. Auflage 2003

Innengestaltung: Wolfgang Vogel
Repro: digi bild reinhardt, 73037 Göppingen
Druck: Henkel-Druck, 70435 Stuttgart
Bindung: Idupa, 73277 Owen
Printed in Germany

Prolog 7

Einleitung 9

I. Tanz der Vampire – Flöhe und Zecken 11

I.I Alle Jahre wieder: Floh-Zeit 13

Ergründe deinen Feind – der Lebenszyklus 15

Einer kommt selten allein 16

Die Pest an den Hals – Übertragung von Infektionen 17

Auf ihn mit Gebrüll – aber nicht mit Teebaumöl 18

Soft oder Kraft? – kochen, einfrieren ... oder sprühen? 19

Das Imperium schlägt zurück – die Kampfstrategie 21

Der Schlachtplan 24

Gefahr im Verzug – richtige Anwendung 25

Vorsicht bei Pyrethrum 27

Pfui Spucke – allergische Reaktionen 28

Glücklich ist ... – Vorsorge plus Steckbrief Flöhe 29

I.II Lauschangriff: der gemeine Holzbock (Zecken) 31

Im Duell mit der Chemie – schnell und wirksam 34

Furios im Finale – Infektionskrankheiten plus Steckbrief Zecken 37

II. Untermieter mit Familie – Milben, Maden, Läuse 41

II.I Sie sind unter uns: Milben plus Steckbrief 42

II.II In schlechter Gesellschaft 49

Fliegenmaden plus Steckbrief 50

Haarlinge (Läuse) plus Steckbrief 51

Die Sache mit dem Trichter – Miezes »Halskrause« 52
Eine saubere Alternative – Prävention und Behandlung 54

III. Ein »reiches« Innenleben – Würmer und Einzeller 58
Wie kommt der Wurm ins »Getriebe«? 59
III.I Da ist der Wurm drin – Darmparasiten plus Steckbrief 61
III.II Mutterfreuden oder was? – Toxoplasmose plus Steckbrief 69
III.III Üble Gesellen: Magen-, Nieren-, Lungenwürmer plus Steckbrief 73
III.IV Vampir unterwegs – Blutparasiten plus Steckbrief 78
III.V Weg von der Überholspur: Trichinen 80
III.VI Die schreckliche Hinrichtung – Vorsorge und Kampfansage 81
Der Tierarzt und das liebe Vieh 84
Die beste Hausfrau von allen 86

IV. Die Sache mit der Pille 87
Der Racheengel – erste Erfahrungen 89
Fachmann gefragt – wie's geht 90
Übung macht den Meister – wie's funktioniert 92

Epilog 94
Literaturliste 95

Für Minni
Tapfere Weggefährtin meiner Kinderzeit,
die mir den einzigen Sommer ihres Lebens schenkte.

Prolog

Liebe LeserInnen!

Mit der eigentlich ganz nett klingenden Bezeichnung Gliedertierchen sind Ektoparasiten (= Außenschmarotzer) gemeint, die in oder auf respektive von der Haut (Hautzellen, Haaren, Sekreten) leben und nicht nur unsere Katze nachhaltig belästigen – manchen »schmeckt« auch der Mensch. Da wir aber unsere ungemütlich-haarlosen Körper ständig mit Wassergüssen und Gerüchen traktieren, dürfen wir uns nur untergeordneter Beliebtheit erfreuen. Doch was tut man nicht alles, wenn der Hunger nagt? Dass bei Flöhen etwa vorwiegend unsere Beine betroffen sind, liegt an ihrer Sprungkraft. Bei 20 bis 40 cm Maximum kommt er nicht weit, der Floh, geht vielleicht noch ein Stückchen zu Fuß ... die Gegend verändert sich nicht, na dann ran an den Saft.
Damit nicht genug, spielen sie zusätzlich eine Rolle als Überträger anderer virös, bakteriell oder parasitär bedingter Erkrankungen und sollten demzufolge mehr als ernst genommen werden! Denn ALLE Blut saugenden Parasiten oder solche, die mit Miezes Speichel (zum Beispiel bei ihren Fellpflegeorgien) in Berührung kommen, sind als potenzielle Ansteckungsgefahr anzusehen. Die kleinen Gemeinen sind sehr viel häufiger Ursache von Infektionskrankheiten, als wir denken ... und sorgen für fassungsloses Kopfschütteln bei den geschockten Besitzern, wenn das positive Testergebnis bekannt wird.
Unsere Katzen sind aber Gott sei Dank weit weniger von Ungeziefer geplagt wie etwa der Hund oder landwirtschaftliche Nutztiere. Trotzdem gibt es keine Sicherheitszonen. Elitäre Samtpfoten mit Eigengarten sind ebenso gefährdet wie Deckkater oder Showtiger, oder durch andere – immer direkte – Kontakte. Die Übertragung ist relativ einfach, sie erfolgt von Tier zu Tier oder über infiziertes Material. Selten, aber mit steigender Tendenz möglich, fungiert auch der liebende Besitzer als Vermittler, zum

Beispiel, wenn er im Wartezimmer einer Tierarztpraxis mitfühlend einer zitternden Kreatur die Ohren krault – die Hautpartikel, die damit *möglicherweise* unter die Fingernägel gelangen, können sehr wohl bewohnt sein ...
Für uns relevant sind vor allem Flöhe und Zecken sowie verschiedene Arten von Milben, Haarlinge und Fliegenmaden – und einige Exoten, die bedauerlicherweise fröhliche Urständ' feiern. Lästlinge als unvermeidlich schulterzuckend hinzunehmen würde jedenfalls so ziemlich den Gipfel an Leichtsinn bedeuten, denn die Folgeerscheinungen sind allemal geeignet, uns das Fürchten zu lehren!!
Gruselt Sie's schon? Ich hoffe, ich habe Sie genügend geschockt – denn dann werden Sie auch bereit sein, sich umfassend zu informieren, bevor Sie ein aktueller Anlass schaudernd aus den Socken kippen lässt. Damit Sie Ihre Katze und sich selbst wirklich effektiv schützen können und damit Sie wissen, was Sie alles NICHT haben und (noch?) beruhigt schlafen dürfen.
Schließlich – Vorsicht ist nach wie vor die Mutter der Porzellankiste ...

Christine Klinka

Einleitung

Sehen Sie in Ihrem Badezimmer auch gelegentlich ein Silberfischchen über die Fliesen huschen? Wie oft malträtieren Sie eigentlich Ihre Matratzen mit dem Staubsauger? Oder gehören Sie zu den Glücklichen, die auf Hausstaubmilben nicht allergisch reagieren? Die kleinen silbernen Flitzer sind harmlos, die Milben nur bedingt ... denn sie haben Verwandtschaft mit ziemlich viel Power ...
Die wenigsten Menschen wissen, womit sie ihr tägliches Leben verbringen – das beste Beispiel sind Pilzsporen: Wir sind buchstäblich umzingelt. Beim Ungeziefer verhält es sich nur unwesentlich anders. Während Gartenbesitzer die Flöhe ihrer feliden Freigänger ganz gern als Kavaliersdelikt betrachten und – sollten sie trotz (üblicherweise nicht sonderlich wirksamem) Flohhalsband mal eines Hüpferlings ansichtig werden – die arme Katze gnadenlos einnebeln ... ohne sich bewusst zu sein, dass Flöhe keineswegs wirtstreu sind und möglicherweise schon das halbe Haus okkupiert haben ..., gehen wir bei reinen Sofatigern davon aus, dass uns »so etwas« absolut und sicherlich nie und nimmer passieren kann. Weit gefehlt. Hunde zum Beispiel sind ausnehmend gern benutzte »natürliche« Transportmittel, trotz Flohhalsband (oder gerade deswegen).

Gähn ... ich kann beruhigt schlafen ... meine Zweibeiner haben bestens vorgesorgt. Foto: Binder

Auch Zecken können eine durchaus leichte Übung abgeben, dafür müssen Sie keineswegs wanderlustig die Natur unsicher machen (obwohl das die Ekelpakete unbestritten eminent erfreut). Da kann schon mal eine verzweifelt auf einem einsamen Gräslein vor der Türmatte sitzen und nach einem Schnürsenkel hechten (alles schon da gewesen). Wenn Sie allerdings nur in Bars rumhängen ... Alle diese kleinen, mehr als lästigen Blutsauger sind nicht nur entweder Zwischenwirt für Bandwürmer und/oder Überträger einer Reihe hässlicher Infektionskrankheiten (Leukose, Babesien), die unserer Mieze durchaus ans Leben gehen können – sondern auch wir Zweibeiner stehen häufig im Schussfeld begehrlicher Untermieter. Gelegentlich mit mehr als unerfreulichen Folgen. Womit wir beileibe noch lange nicht am Ende sind: Milben – wie Ohrräude etwa, die mit Abstand häufigste Milbenart –, Maden, Läuse und eine Vielzahl echt ekliger Würmer von teilweise geradezu beängstigenden Ausmaßen »bereichern« sowohl das kätzische als auch das menschliche Dasein. Außerdem häufen sich aufgrund unserer gesteigerten Reiselust die reichlich unerquicklichen »Souvenirs«, die wir aus südlichen Ländern ungewollt mitbringen – ein verdattert und frierend aus dem Koffer kletternder Baby-Skorpion lässt sich nicht übersehen, winzige Larven und Eier, die auf der Wäsche kleben oder uns bereits besiedelt haben, aber sehr wohl ...

Übrigens: Sie werden ja in der Praxis Ihres Veterinärs Mieze wohl nicht flanieren lassen, um sich und ihr die Wartezeit zu verkürzen (wobei die meisten sowieso in die Krise kommen vor lauter Angst)? Da könnte nämlich so allerlei kreuchen und fleuchen und sich in Ritzen verstecken, selbst wenn der Doc eine wirklich aufopfernd werkende Perle hat ...

Sie sollten (zumindest mit Wissen) gerüstet sein!

1. Tanz der Vampire – Flöhe und Zecken

Nicht jeder kann dem Winter etwas abgewinnen und freut sich daher auf Sonne und Wärme. Als Wermutstropfen in unserem Frühlingstaumel scheint Mutter Natur die kleinen Blutsauger »erfunden« zu haben, denn mit den warmen Tagen erwachen auch diese Überlebenskünstler zu neuen Untaten und vermiesen uns das Dasein. Was wir keineswegs ungestraft hinzunehmen gedenken!

Eine Minimalinvasion muss kein Zeichen von Vernachlässigung sein – denn Mensch wie Tier kann relativ leicht als unfreiwilliges Flohtaxi von einer der Larvenstadien missbraucht werden. Besonders beliebt sind natürlich Hunde, deren Kontaktfreudigkeit auch den Austausch von Untermietern gewährleistet, sofern die Bevölkerungsdichte einen Umzug erforderlich macht – was aber nun nicht heißen soll, dass Sie Ihrem armen Bello jegliche Geselligkeit verbieten! Auch er muss mal mit Artgenossen reden können. Den absolut ersten Platz im Transportgeschäft aber haben zweifellos die Igel, die zumeist eine derartige Heerschar beherbergen, dass sie sozusagen nicht einmal mehr selbst laufen müssten. Sollten Sie zu den gütigen Zweibeinern gehören, die auf ihrer Terrasse einen dieser herzigen Schnorrer verköstigen, dann tun Sie dieses bitte mit dem nötigen Respektabstand – und nebeln hin und wieder den Fußabstreifer ein ... oder verlegen die Futterstelle ein paar Meter weiter naturwärts. Wirklich sicher aber sind wir wohl nirgendwo – wenn ich zum Beispiel an den Floh denke, den ich ungläubigen Auges in einem Bus den Wirt wechseln sah: noch dazu von einem Zweibeiner auf einen Hund! Die schmackhafte Wende seines Schicksals hat den Hüpferling sicherlich sehr erleichtert, der Hundebesitzer wird das vermutlich etwas anders gesehen haben ...

Allmählich friert mir zwar das Hinterteil ab – aber im Schnee heißt's garantiert »Parasiten ade«. Foto: Binder

Zecken wiederum sind ihrem Wirt erst dann in Treue verbunden, wenn sie sich festgesogen haben. Solange sie noch auf der Suche nach einer kuscheligen Bleibe sind, haben sie gegen einen Transfer nichts einzuwenden, sollte sich ein solcher im Angebot befinden. Sitzen also vom letzten Wandertag ein paar verdrossen in Ihrer unwirtlichen Kleidung, weil sie die rutschfesteren haarigen Zonen noch nicht entdeckt haben, wird die Aussicht auf eine heimische Samtpfote ohne Zweifel Freude in ihr Dasein bringen. Übrigens kann sehr wohl auch der mit Hingabe selbst gepflückte attraktive Feldblumenstrauß für ähnliche Glücksgefühle sorgen ...

Fakt ist, dass wir bei Katzen, die »hinaus« können – egal, ob das nun Garten, Ausstellungen oder Urlaubsdomizil bedeutet – genauso immer mit Überläufern rechnen müssen wie dann, wenn ein Hund den Haushalt bereichert. Sofern wir nicht vorsorgen, versteht sich! Bei »nur« Katze und reiner Wohnungshaltung dürfen wir zwar wesentlich beruhigter, aber niemals absolut völlig sorglos schlummern. Und weil ich das immer wieder höre: Mieze ist auch dann gefährdet, wenn sie »nur« an der Leine in den Garten darf – Floh & Co. ist das (logischerweise) ebenso völlig schnurz wie allen anderen Parasiten, Pilzsporen, Viren oder was sonst noch so auf einem Grashalm Platz finden kann ...

1.1 Alle Jahre wieder: Floh-Zeit

Im Grunde ist es müßig, sich den Kopf darüber zu zerbrechen, woher man sie hat, denn das Unglück ist ja schon geschehen, wenn wir eines dieser ungebetenen Gäste ansichtig werden. Viel wichtiger ist, wie man sie eliminieren und was man tun kann, damit es gar nicht erst so weit kommt. Unwesentlich sind übrigens auch die verschiedenen Arten samt unaussprechlicher Namen, denn Flöhe sind – ungeachtet ihrer Familienzugehörigkeit – keineswegs wählerisch, was die Nahrungsquelle anbelangt. Die (am meisten vorkommenden) so genannten Katzenflöhe nehmen auch mit einem Hund vorlieb und begeistern sich genauso für Ratten, Mäuse, Hühner, Wild, Nutzvieh und die bereits erwähnten Igel. Sie sind nicht wirklich heikel und nehmen, was kommt. Ist Schmalhans Küchenmeister, gibt's halt mal Mensch, was soll's?

Das ist der späteste Zeitpunkt, wo wir ausschließlich von Mordlust beherrscht werden. Krieg ist angesagt.

Vielleicht sollte ich doch lieber im Haus bleiben ... ich putze und putze – und trotzdem juckts dauernd irgendwo. Foto: Binder

Übrigens: Die Chitin-gepanzerten Körperplatten können in Ausnahmefällen sogar dem Schlag eines Hammers widerstehen! Er schlüpft auch mühelos zwischen den Fingern durch. Um ihm das Leben definitiv auszuhauchen (klugerweise muss das schnell gehen, sonst ist er nämlich weg), bleibt Ihnen nur, ihn mit dem Fingernagel zu »knacken«. Auch wenn das grauslich klingt (und ist).

Ergründe deinen Feind ...

... wenn du ihn besiegen willst, das ist eine alte Binsenweisheit. Für eine effiziente Kampfstrategie sind daher Lebensweise und Familienplanung der Blutsauger bis zu einem gewissen Grad nicht unwesentlich. Bedauerlicherweise herrscht in der Literatur Uneinigkeit über den Entwicklungszyklus der kleinen Plagegeister (ich habe mich vorwiegend an den Angaben von Parasitologen orientiert), weshalb die angegebenen Zahlen als Variable anzusehen sind. Dazu kommt, dass wir sowieso nicht wissen, wie alt und wes Geschlechts ein Floh ist, wenn wir ihn finden ... Ob Jugendlicher oder Lustgreis ist jedenfalls vernachlässigbar.

Innerhalb von 48 Stunden nach der Flohhochzeit, die auf dem Boden stattfindet, wozu also der Wirt kurzfristig verlassen wird, beginnt das Weibchen mit der Nachwuchsproduktion: Fleißige sollen es auf bis zu 25 Eier täglich bringen, und dieses drei bis sechs Wochen lang – das bringt an die 1000 Eier pro Ehepaar Katzenfloh!! (Menschenflöhe begnügen sich mit 450). Herr und Frau Floh können dem gewählten Gastgeber durchaus treu bleiben (außer, Mieze verschluckt einen beim Putzen und lässt eine/n Witwe/r zurück), akzeptieren bei starken Störungen (zum Beispiel, während Sie gerade das Katzenfellchen striegeln) aber auch einen anderen Wirt. Die Floheier jedoch fallen immer ab. Vorzugsweise innerhalb Miezes Ruhepausen, aber viele verliert sie auch auf ihren Wanderwegen und verteilt sie somit im ganzen von ihr frequentierten Wohnbereich. Die etwa vier bis fünf Tage danach aus den Eiern schlüpfenden, augenlosen Larven (Erwachsene können hell/dunkel unterscheiden) sind ein lichtscheues Gesindel, das sich für weitere neun Tage bis zur Verpuppung in dunkle Winkel verkriecht.

Knappe zwei Wochen später beginnt das wahre Leben: Der Floh ist fertig entwickelt. Findet er's ungemütlich kalt und trocken oder es spaziert kein Vermieter vorbei, kann er allerdings seinen Stoffwechsel drosseln und an die zwei Monate im Kokon verbummeln. *In diesem Stadium trotzt er jeglichem Insektizid !!*, registriert aber sehr wohl Vibrationen, Luftbewegungen, Erschütterungen, Körperwärme, Kohlendioxid-Veränderungen (= Atemluft), wodurch er zum Schlüpfen animiert wird. Gefällt ihm, was er gefunden hat, sprintet er los: 20 cm hoch und 40 cm weit schafft sein drittes Beinpaar. Satt getrunken und nicht zimperlich bei der Partnerwahl bleibt er selten lange allein. Und der Zyklus beginnt erneut.

Bleibt ihm das Paradies verwehrt und kein Galadiner kreuzt seine Wege – notfalls darf's eben auch ein Mensch sein – kann er zähe Monate lang ausharren, bis ihn der Hunger dahinrafft. Ein bereits auf den Geschmack gekommener kleiner Vampir kann indessen nur zwei bis vier Tage ohne Nahrung überleben. Da kommt (gemischte) Freude auf, denn andererseits: wer kennt schon sein Vorleben?

Extrem weit auseinander klaffen die Meinungen darüber, wann ein Floh das naturgegebene Greisenalter erreicht hat: Parasitologen gestehen ihm $1\frac{1}{2}$ Jahre zu, während andere Autoren bloß von einem Monat sprechen – aber vielleicht ist da eher der Wunsch Vater des Gedankens? In jedem Fall hat der Hüpfer seine Zeitspanne bestens genützt ...

Einer kommt selten allein

Wenn Sie »etwas« hüpfen oder eiligst im Fell verschwinden sehen, können Sie davon ausgehen, dass es ein Floh ist und er/sie mit ziemlicher Sicherheit bereits Familie hat. Ein Einzelgänger beziehungsweise absoluter Neuzugang krabbelt im Verborgenen und ist leider nicht so leicht auszumachen. Schließlich kratzt sich Mieze gelegentlich auch aus ganz harmlosen Gründen – artet das Kratzen allerdings in eine Orgie aus, sind Untermieter mehr als wahrscheinlich. Allerdings nicht immer Flöhe, siehe Kapitel II.

Fraglos verleiden wohlgepflegte Miezen jedem Floh das Leben enorm, denn er wird ständig aufgescheucht. Erfreut sich Ihre Katze oftmaliger Unterstützung bei der Fellpflege, haben Sie gute Chancen, eine Invasion rechtzeitig zu verhindern.

Tipp

Ausgesprochen nützlich ist, Mieze beim Kämmen und/oder Bürsten – immer! – auf eine weiße Unterlage zu stellen, auf der jegliches dunkle Krümel sofort zu sehen ist. Finden Sie eins oder mehrere/viele, feuchten Sie es an: löst es sich auf und färbt sich rötlich-braun, können Sie mit Sicherheit davon ausgehen, dass es sich weder um Mohn noch Erde handelt, oder was auch immer Sie hoffen – sondern Flohkot, der aus getrocknetem, verdautem Blut besteht. Daher die Farbe. Sehen die Krümel wie zarte, kleine Kringel aus, ist die Diagnose auch ohne Wassertest klar.

Gut gepflegt ist halb gewonnen – hier haben Untermieter keine Chance!
Foto: Wald

Die »Pest an den Hals« ...
wünschen wir gelegentlich einem lästigen Widersacher. Das Sprichwort gründet in den bekannten mittelalterlichen Epidemien, ausgelöst durch infektiös bedingte Dezimierung der Rattenpopulationen und nachfolgendem Massenexodus ihrer Untermieter. Unter den damaligen hygienischen Bedingungen waren Menschen für die hungrigen, infizierten Flöhe die nächstliegenden Wirte. Womit bewiesen wäre, dass eigentlich die Ratten nur indirekt für diese Geißel der Menschheit verantwortlich zeichneten.

Für uns heute ungleich mehr von Bedeutung ist, dass Flöhe nicht nur Blut saugende Lästlinge sind, sondern auch als Überträger von Krankheitserregern beziehungsweise als Zwischenwirte für Parasiten diskutiert werden: Bakterielle Keime wie Salmonellose, Rickettsiosen (Hämobartonellose = infektiöse Katzenanämie oder Feline Pneumonitis = fieberhafte Infektionskrankheit aus der Chlamydien-

Familie) und viröse Infektionen (unter anderem Leukose und Meningitis) können durchaus auf das Konto der unscheinbaren Krabbler gehen.
Da erscheinen Bandwürmer, die bei der Fellpflege durch Abschlucken eines verseuchten Flohs ihren Entwicklungszyklus in der Katze vollenden, wahrlich noch als das kleinere Übel.
Wird Mieze von alledem verschont, bleibt nur zu hoffen, dass sie nicht sehr jung oder betagt, krank oder rekonvaleszent ist – denn ein massiver Befall der Blutsauger kann zu Blutarmut und einer ernsten Schwächung des gesamten Organismus führen!
Viele gute Gründe für ein Massaker ... und wir sind noch nicht am Ende ...

Auf ihn mit Gebrüll

Das klingt nur gut, hilft natürlich aber nichts. Gleich vorweg: Um die chemische Keule kommen wir nicht herum, wenn die Behandlung durchschlagenden Erfolg bringen soll. Das gilt vor allem für die aktuell erforderliche Attacke, aber auch zur Vorsorge! Alternative Methoden sind zwar nicht absolut von der Hand zu weisen – ich bin wirklich ein Fan!, aber auch ich habe gelernt, mich gerade bei diesen Plagegeistern nicht darauf zu verlassen.

- Mit wöchentlich einer Tablette Sulfur D30 während der »Floh-Monate« ist eine allemal hilfreiche Stärkung des Säureschutzmantels der Haut zu erreichen – zur Vorbeugung sowie als Unterstützung der Behandlung! Bereits eingenistete Flöhe vertreiben kann man damit allerdings nicht.

Mit ätherischen Ölen zu hantieren bedarf fachlich sehr fundierter Kenntnisse, denn alles, was Mieze ablecken kann, kann ihr auch sehr schnell zum Verhängnis werden!

- ACHTUNG: TEEBAUMÖL IST GIFT!!!

Shampoos, die Teebaumöl enthalten, können Sie zwar wohl verwenden, aber die Flöhe zeigen sich davon üblicherweise nicht sonderlich beeindruckt. Überlebt nur ein Einziger, war die gesamte Prozedur vergeblich. Und nicht nur einer kommt durch, glauben Sie mir. In dem Moment, wo die arme Katze bis zum Hals in einem Bad mit Flohshampoo versinkt und ihrerseits ums Leben fürchtet, stürmt unter dem Motto »rette sich, wer kann« eine mittlere Heerschar in Richtung ihrer Ohren, Nase und Maul, um dort sicheren Schutz zu finden, oder hechtet los. Einfachstes Ziel: der/die Bademeister/in.

Alles schon erlebt. Sehr mühsam. Wenig hilfreich.
Es gibt mannigfaltige Wege, den Plagegeistern das Leben zu vergällen. In den meisten Fällen stürmt der solcherart geknechtete Mensch schaudernd in die nächste Apotheke/Tierhandlung/Tierarztpraxis und schleppt ein Arsenal an Chemie nach Hause – trotzdem wir heutzutage etwas unreflektiert gegen Chemie eingestellt sind (immerhin steuern etliche hundert chemisch definierte Enzyme unsere Körperfunktionen – ich weiß schon, das ist »was anderes«! ...), sollten wir, gerade, wenn es etwa um Flöhe geht, keine Gnade kennen. Und dieses mit gutem Grund.

Soft oder Kraft?

Ja, es gibt auch sanfte Methoden und so mancher alternativ eingestellte Mensch begibt sich resolut auf die Jagd: Scheitel für Scheitel wird Miezes Fell geteilt und jeder Krabbler mit einem Stückchen Tesafilm verhaftet. Sofern der nicht vorher beherzt mit einem Sprung das Weite gesucht hat. Oder aus Großmutters Schatzkästlein kommen Knoblauch, ätherische Öle und Homöopathie

Mein Wohnbaum ist ein Kunstobjekt – auf dem lebt nichts außer mir. Foto: Mercy

zum Einsatz, wovon die flinken Springer bedauerlicherweise maximal einen Hustenanfall erleiden. Sie sind wirklich hart im Nehmen und überstehen auch locker den massiven Einsatz der Waschmaschine – im Unterschied zu den Kuschelhäuschen, die nach der 95°-Orgie verschrumpelt, farb- und formgeschändet auf dem Trockner baumeln. Der High-Tech-Verwöhnte versucht's mit dem elektronischen Flohkamm, der die Biester beim Kämmen mittels eines Elektroschlages brutal dahinraffen soll. Sofern er sie erwischt, versteht sich. Es gibt auch ein Ultraschallgerät, das aber eher den Herstellern hilft und den Flöhen bestenfalls zur Belustigung dient.

Gleichermaßen mehr von der heiteren Seite zu sehen ist der Rat eines Flohzirkusbesitzers – sowas gibt's tatsächlich noch – , der da lautet, den Floh etwa 20 Minuten lang ungestört saugen zu lassen. Mit dem letzten Schluck zieht er nämlich auch den irritierenden Flohspeichel mit ein – zurück bleibt ein reizloser kleiner Punkt, der nicht juckt. Danach lassen sich seine Stars widerspruchslos abklauben und wieder in ihre Wohnstatt verfrachten. Womit dem Wirt zumindest das üblicherweise folgende endlose Gekratze erspart bleibt ... Aber wer will schon mit der Stoppuhr neben seiner Mieze sitzen und Buch führen, welcher Floh wann betrunken genug ist, dass man ihn ohne Gegenwehr hinterlistig ins Jenseits befördern kann? Außerdem gibt es Gierige, die bis zu 150 Minuten eisern an der Bar hängen ...

Das ultimativ Wichtigste vorweg: Insektizide sind von unterschiedlicher Giftigkeit gegenüber Mensch, Tier und Umwelt. Welche Sie auch immer verwenden

- **kaufen Sie niemals Präparate ohne Kennzeichnung des Wirkstoffes**
- **lassen Sie sich von einem wirklichen Fachmann (Tierarzt/Apotheker) sowohl über die Toxizität (stark giftig: Lindan, Bromocyclen, Fenthion, Dichlorvos) als auch die Resistenzentwicklung (häufig: Fenthion, Dichlorvos, Carbamate) aufklären**
- **halten Sie sich ausnahmslos präzise an die Dosierungs- und Anwendungshinweise**

Absolut unlustig finden Flöhe zum Beispiel auch Raumtemperaturen unter 5° (außer, Sie haben kuschelig warme Perserkatzen im Haus) oder eine Luftfeuchtigkeit von über 92% – aber da wird Ihnen vermutlich genauso das Lachen vergehen ... Wird man/n/frau derartiger Untermieter ansichtig, ist jeglicher Sinn für Humor sowieso dahin, also lassen wir die Scherze und gehen in medias res.

Das Imperium schlägt zurück – die Kampfstrategie

Natürlich ist es nicht nötig, mit Kanonen auf Spatzen zu schießen – der nachfolgende Schlachtplan mag durchaus diesen Eindruck erwecken. Saubermänner/frauen, die ihre Tiere penibel pflegen und daher jeden Asylanten sofort nach der Einwanderung zu orten in der Lage sind, können freilich zunächst mit der Bekämpfung am Tier beginnen. Schließlich lebt nur 1% der adulten Flöhe ständig am Wirt, der veritable Rest in dessen Umgebung. War für die Okkupation der guten Stube noch keine Zeit, wird es genügen, ein für Direktkontakt geeignetes

- Insektizid (Pulver = Bolfo, Spray = Vet-kem) – möglichst außerhalb des Wohnbereiches! – auf Mieze/Bello aufzubringen (Pulver einmassieren), einwirken zu lassen und erst nach gründlichem Ausbürsten wieder nach Hause zurückzukehren. Achten Sie darauf, dass kein aufgescheuchter Blutsauger auf Ihre Kleidung überwechselt!

In diesem Fall wedeln Sie bitte nicht mit irgendeinem Spray ein wenig in den Räumen herum oder

ACHTUNG: Haben Sie mehrere Flöhe, vor allem aber viele Flohkot-Krümel am Tier gesichtet (oder sind selbst schon zum Opfer geworden), können Sie 1. davon ausgehen, dass Sie bereits über längere Zeit »besiedelt« werden und 2. die ganze Wohnung zum Krisengebiet erklären.

Unser Staubsauger beherbergt keine Flohzuchtstation – Pfote drauf! Foto: Zabransky

machen aus Ihrem Staubsauger eine Floh-Zuchtstation. Die totale Vernichtung erfordert eine gezielte Strategie: Besprechen Sie mit Ihrem Tierarzt das Mittel der Wahl und erwerben es gleich in der Praxis oder flitzen in die nächste Apotheke. Sie brauchen (vorzugsweise):

- Ein SPOT-ON für jede Katze (alle Katzen/Hunde im Haushalt müssen behandelt werden!). Mit Spot-on wird eine kleine Pipette bezeichnet, die einige Tropfen Lösung zum Auftragen auf die Haut – zwischen den Schulterblättern – enthält. Lassen Sie sich beraten, denn die Dosierung kann sich nach dem Körpergewicht (= ADVANTAGE) richten, während etwa FRONTLINE (beides sind Kontaktgifte) ungeachtet der Katzengröße verabreicht wird. Der Tierärzte liebstes Kind ist zurzeit vermutlich Advantage, weil man es sogar Jungtieren (über acht Wochen) und säugenden Katzenmüttern geben kann, wodurch die Kitten mitgeschützt werden. Es wirkt über die Haut und soll daher nicht über die Niere ausgeschieden werden. Eine Wiederholung nach 3 bis 5 Wochen (= Ende der Wirkungsdauer) ist problemlos und zeitigt keine Nebenwirkungen. Der Advantage-Vorläufer TIGUVON geht ins Blut und ist somit ein Fraßgift. Die Wirkungsdauer ist kürzer und von dicht aufeinander folgenden Wiederholungsbehandlungen wird dringend abgeraten.
- Einen (mehrere) FOGGER (= VET-KEM, Wirkstoff Cabaril) zum Ausnebeln der Wohnung. Wie viele davon Sie nach Hause schleppen müssen, richtet sich nach dem Ausmaß Ihres Domizils (bei größeren Zimmern einen Nebler pro Raum). Auf den Dosen ist genau angegeben, für wie viele Kubikmeter der Inhalt reicht. Sparen Sie nicht am falschen Platz, denken Sie daran: keine Überlebenden!
- HAND-(Umgebungs-)SPRAYS (am besten vom gleichen Hersteller) für Ritzen, Winkel, Kratzbaum, Schlafplätze und Abstellkämmerchen etc. Wenn Sie nicht gerade in einem Schloss wohnen, werden Sie wahrscheinlich mit zwei (= Wohnung) bis vier (= Haus) auskommen.

Sie können zur Behandlung der Katze natürlich auch ein anderes Präparat wählen, zum Beispiel PROGRAM, das unters Futter gemischt wird und ebenfalls die Fortpflanzung der Flöhe unterbindet. Es wird allerdings eher zur Vorsorge empfohlen, die Wirksamkeit bei starkem Befall (oder Allergie) ist heftig umstritten.

Solch feudale »Cat-City« muss – wie jeder Kratzbaum – bei einer Parasiten-Vernichtungskampagne penibel von allen Seiten abgesaugt, eingesprüht und ausgebürstet werden. Foto: Binder

Überfordern Sie bitte nicht das Personal in den Zoohandlungen – die mit definitiv wirksamen Präparaten oft gar nicht aufwarten können/dürfen (weil arzneipflichtig)! *Sie hantieren mit Gift*, also vertrauen Sie ausschließlich einem Profi: Tierarzt/Apotheker!

Wie wichtig fachmännischer Rat ist, verdeutlicht, dass bei der Wahl des Mittels »altbewährt ist sehr begehrt« mit Vorsicht vorzugehen ist – viele Präparate, die schon sehr lange auf dem Markt sind und »seinerzeit« sehr hilfreich waren, bringen heute einen Floh nicht mal mehr außer Puste. Er ist immun. Andererseits ist manchmal gerade lange Erprobtes so ausgereift, dass es nach wie vor so zuverlässig wirkt wie eine Bombe. Das unumgänglich Wesentliche an der modernen chemischen Keule ist, dass sie nicht nur dem Floh ans Leben geht, sondern seinen Entwicklungszyklus unterbindet, ihn quasi sterilisiert. Allein das hat Power!

Der Schlachtplan

Nehmen Sie sich einen Nachmittag Zeit. Wenn Sie die nachfolgende Prozedur nicht wiederholen wollen, gehen Sie nicht nur grimmig entschlossen, sondern vor allem gründlich vor!

1. Etwa eine Woche vor der Kriegserklärung behandeln Sie jede Katze/Hund mit einem Spot-on.
2. Zählen Sie die Häupter Ihrer Lieben und sorgen Sie für genügend Transportkörbe. Sprühen Sie mit dem Handspray alle Transporter (natürlich innen!) inklusive darin liegender Decken gründlich ein. Am besten am Abend vor dem Großkampftag, damit sie ein bisschen auslüften und den Miezen nicht kotzübel wird.
3. Am Tag X verfrachten Sie die Meute für einige Stunden raus aus der Wohnung – ins Auto, zur Schwiegermutter oder wen immer Sie sonst beglücken möchten.
4. Beherbergen Sie auch andere Haustiere (Hamster, Vögel), müssen diese ebenfalls mittels Notquartier evakuiert werden (Nager-Wohnungen und Vogelkäfige komplett ausräumen, reinigen, aber NICHT sprühen!! und danach vor der Tür deponieren oder gut abdecken). Aquarien, die im Haus bleiben müssen, bitte sehr penibel einhüllen, Fische pflegen nicht durch Widerstandskraft zu glänzen.
5. Machen Sie »die Schoten dicht« und schließen Sie alle Fenster. Danach öffnen Sie alle Türen, auch sämtliche Schranktüren!! (außer in der Küche!). Drapieren Sie das Bettzeug über die Türflügel und stellen Sie die Matratzen von Bett und Polstermöbel hoch (damit der Fogger beziehungsweise Handspray auch alle Verstecke erreicht!).
6. Schließen Sie alle Lebensmittel – und das Katzengras!! – weg.
7. Sprühen Sie in der Küche vor dem Verlassen auch ein, zwei Mal in die Höhe und schließen Sie die Tür (NUR diese!).
8. Sprühen Sie mit dem Umgebungs-Handspray die Fußleisten entlang in alle Winkel und Ritzen und unter alle Möbel. Nach Möglichkeit auch unter jene, die am Boden aufliegen, irgendein Spalt wird sich schon finden. Auch deckenhohe Kratzbäume müssen damit behandelt werden, der Fogger reicht nicht so hoch!
9. Flöhe lieben's warm und feucht, also vergessen Sie das Bad nicht = Ritzen sprühen und Tür offen lassen.

10. Danach bringen Sie laut Angabe des Herstellers die Fogger in Position und aktivieren sie in der Reihenfolge, wie Sie den strategischen Rückzug Richtung Haustür antreten. Wenn es viele Räume sind, halten Sie ein nasses Handtuch vor den Mund – der Nebel kann Ihre Mundschleimhäute »ankratzen« und Schluckbeschwerden verursachen. Dann verlassen Sie das Haus – bitte geistern Sie nicht mehr herum (falls Sie etwas vergessen haben, außer, es ist ein Haustier), sobald die Fogger mobilisiert sind!
11. Am Ende der vorgeschriebenen Einwirkzeit lüften Sie gründlichst! Werfen Sie den Staubsauger an und behandeln Sie damit alles, was irgend möglich ist. Verschließen Sie den Staubbeutel luftdicht, verbrennen oder entsorgen Sie ihn sofort außer Haus und sprühen Sie sicherheitshalber das Gehäuse innen aus! Erst dann dürfen alle Tiere (und der Rest der Familie) wieder zurückkehren.
12. Kämmen Sie Ihren Miezen einige Tage hintereinander sorgfältig die gekillten Untermieter aus dem Fell, achten Sie auf herumtaumelnde zähe Überlebende (ohne viel Federlesen knacken und alle sofort außer Haus entsorgen) und verteilen Sie prophylaktisch Bandwurm-Tabletten an die vierbeinige Crew!
13. Genießen Sie Ihr neues Leben ... vergessen Sie aber nicht die Bandwurm-Wiederholungsbehandlung (je nach Präparat) – denn der Krieg ist gewonnen.

Gefahr im Verzug
Falls Sie eine zaghafte Natur sind oder mir nicht glauben oder lieber »klein« anfangen wollen (was ich Ihnen wirklich nicht raten würde):

➢ **Achtung! Mieze (wie Hund) darf nur mit einem einzigen Mittel behandelt werden!** Das heißt: Flohhalsband ODER baden ODER Puder ODER Spray ODER Spot-on ODER ... was auch immer. Allein ein läppisches Bad mit Flohshampoo und hinterher ein Flohhalsband kann Vergiftungserscheinungen zur Folge haben!!! Selbst kombinierte alternative Methoden bringen sehr oft mehr Schaden als Nutzen.

- Vor allem: **Klatschen Sie nicht alles, was Sie finden können, auf die Katze/Hund – denn sie ist/sind das kleinere Problem** bei dieser Misere. Auf den Vierbeinern finden sich maximal 10% der Flohpopulation (=aller Stadien), das wirkliche Drama spielt sich wie erwähnt in kuscheligen Polstermöbeln und Teppichen ab ...
- Weshalb die **Rundum-Bekämpfung** keinesfalls versäumt werden darf! Wie wir aus der oben geschilderten Familienplanung gelernt haben, genügt es nicht, die Flöhe auf der Katze zu eliminieren und im Wohnbereich die nächsten Generationen friedlich heranwachsen zu lassen!
- **Und: Umgebungssprays dürfen auf keinen Fall zur Behandlung von Katze/Hund angewendet werden!**
- Halten Sie sich strikt an die Gebrauchsinformation beziehungsweise Anweisung des Veterinärs.

Die nur vordergründig »praktischen« Flohhalsbänder animieren das Kroppzeug lediglich zum Auswandern auf hintere Regionen. Bei einer halbherzigen Anwendung von Insektizid-Sprays oder Puder werden Sie innerhalb kurzer Zeit zum Entwicklungshelfer für resistente Flohstämme. *Andererseits können Sie Mieze mit reichlicher Verteilung echt ans Leben gehen.* Im besten Fall kotzt sie sich die Seele aus dem Leib, salopp ausgedrückt, oder wird von Magen/Darmerkrankungen geplagt. Und: die meisten der gängigen Insektizide raffen nur den erwachsenen Floh dahin, wirken aber nicht auf Eier und Puppen!

Das Malträtieren mit Flohpulver oder Spray zählt heute eigentlich sowieso zu den antiken Methoden – die Forschung hat nicht geschlafen, es gibt eine Reihe verlässlicher Hilfen, die noch dazu durch einfache Anwendung glänzen (siehe oben).

Tipp

Sollten Sie in ein neues Domizil übersiedeln, wäre es nicht unklug, es einige Tage vorher »einzunebeln« – 1. könnten adulte = geschlechtsreife Untermieter auf neue Wirte warten und 2. (sollten die Räume über längere Zeit unbewohnt gewesen sein) kann die Puppenruhe auf mehrere Monate ausgedehnt werden und der Neubezug ein Massenschlüpfen auslösen!

Vorsicht bei Pyrethrum

Als sehr wirkungsvolles Insektizid ist es vielfach Bestandteil von Umgebungssprays – an sich ungefährlich für Säuger und Warmblüter, wird es jedoch heute vorwiegend synthetisch hergestellt, wodurch es seine Harmlosigkeit teilweise verloren hat: Über Haut oder Lunge aufgenommen, kann es trotz geringer Toxizität zu einer Vergiftung führen. Mit Spätwirkung, da synthetische Pyrethroide/Pyrethrine vor Ausscheidung (mit dem Harn) in der Leber umgebaut werden, was sehr langsam vor sich geht.

Achten Sie also darauf, dass Mieze mit keinen Restbeständen des Umgebungssprays in Berührung kommt (Schlafplätze!). **Anzeichen einer Vergiftung sind Zittern, Erregung und Krämpfe. Sie sollten eilends den Tierarzt konsultieren.**

Tipp

Durch unkritische und inkonsequente Behandlung sind bereits sehr viele Flohstämme dagegen resistent, weshalb die Vermeidung dieses Wirkstoffes angezeigt scheint.

Wasser! Pfui Teufel! Wenn ihr denkt, ich steig' da freiwillig hinein, habt ihr euch aber gründlich getäuscht! Foto: Schlatzer

Pfui Spucke – allergische Reaktionen

Flohspeichel kann pustelartige Schwellungen und übersteigerten Juckreiz hervorrufen. Überempfindliche Reaktionen wie nässende Ekzeme und Haarausfall sowie bakterielle Sekundärinfektionen durch ständiges wieder Aufkratzen entzündeter Stellen können die Folge sein. Bestand die Flohinvasion aus einer nicht ganz so zahlreichen Familie, werden Irritationen der Haut gelegentlich erst relativ spät bemerkt, sodass man sie gar nicht mehr mit der Ursache in Verbindung bringt – Sie sollten Mieze sicherheitshalber dem Medikus vorstellen.

Die guten Nachrichten: Nicht alle Katzen sind allergisch auf Flohspeichel. Und: Juckreiz sowie Flohekzeme lassen sich homöopathisch recht gut beeinflussen – dass dafür viele kleine Biester ihr Leben lassen müssen, wird uns am Rande erfreuen:

- Mit Pulex irritans (dem gemeinen Menschenfloh) oder Ctenocephalides felis (= Katzenfloh) homöopathisch aufbereitet und in der D12 (3x täglich verabreicht), können wir durchaus wirksam dem Juckreiz begegnen.

Bei Ekzemen steht eine Fülle unterschiedlicher Mittel zur Verfügung, die ich unmöglich alle anführen kann. Ein erfahrener Homöopath würde meine bescheidenen Empfehlungen optimieren:

- gerötete, entzündete Haut spricht gut an auf Mercurius solubilis D6
- geschwollene, nässende Hautbezirke verlangen eher nach Apis D12
- Cardiospermum kann sowohl innerlich in der D3 als auch äußerlich (direkt auf die Stichwunde) in der Urtinktur helfen, ebenso wie
- Johanniskrautöl auf der Haut und
- innerlich Silicea D30 (für 4 bis 8 Tage), das Verdickungen auflöst, womit die Heilung wirksam unterstützt wird.

Last but not least können auch Flohhalsbänder unterschiedliche Reaktionen auslösen: Nur zeitweilig angelegt, verschaffen Sie den Flöhen eine Atempause und die Wirkung entwickelt sich zügig gegen null. Ständig um den Hals wiederum gestalten sich 1. die Schlafpausen sehr geruchsintensiv (mit möglichem Erbrechen als Folge) und 2. kann Mieze eine Kontaktallergie entwickeln. Vor allem weiße Katzen reagieren darauf sehr empfindlich. Sie merken es daran, dass sie sich den Hals wund schubbert immer dann, wenn sie das Halsband tragen muss, oder wenn gerötete Haut, Pusteln, Haarausfall

Heu und Stroh macht Zecken froh ... darum bin ich auch »geimpft«. Foto: Kretz

beobachtet werden. Verzichten Sie bei aktuellem Befall (bei Allergie unbedingt) auf Flohhalsbänder, die Wirkung ist insgesamt gesehen sowieso nicht zufrieden stellend.

Glücklich ist ...

wer die Vorsorge nicht vergisst. Beäugen Sie gelegentlich auch Stubenhocker argwöhnisch, selbst wenn es nicht sehr wahrscheinlich ist, weil die Übertragung üblicherweise von Tier zu Tier stattfindet. Wenn Sie einen Hund haben, wird Ihnen das sowieso nicht neu sein. In erster Linie wichtig ist Flohprophylaxe für Freigänger und Showtiger. Ein Spot-on in größeren Abständen (je nach Präparat) während der warmen Jahreszeit oder einige Tage vor einer Ausstellung beruhigt nicht nur die Nerven, sondern verhindert zuverlässig böse Überraschungen der erwähnten Art.

Haben Sie für Mieze Heiratspläne, müssen Sie den Spot-on allerdings zumindest etwa zwei Wochen vorher aufbringen, sonst wendet sich der Galan mit Grausen – weil er im Liebestaumel die Braut per Genickbiss arretiert, genau da, wo die Substanz aufgebracht wird. Und die schmeckt/riecht auch für Kater echt eklig! Umfassende Hilfe für Hochzeiter: STRONG HOLD nennt sich ein relativ neues Präparat mit beträchtlicher Breitbandwirkung (»alles« kann es natürlich auch nicht). Lassen Sie sich von Ihrem Veterinär beraten, der sich als erster Ansprechpartner für eine maßgeschneiderte Vorsorge anbietet.

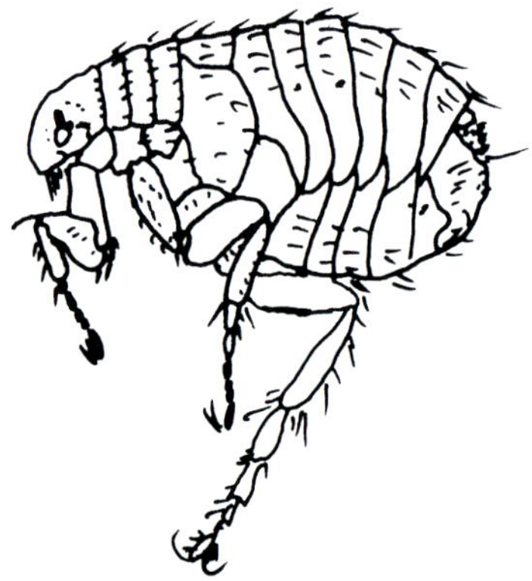

Floh (nach Mehlhorn), Originalgröße zwischen 2,5-3,1 mm.

STECKBRIEF FLÖHE	
Befall	Von Tier zu Tier/Mensch oder über Buschwerk, Beutetiere
Erkennen	**Floh** = 2-3 mm, flügellos, abgeflachter Körper, braunglänzend, langes Hinterbeinpaar, springt und ist extrem schnell. **Flohkot** = winzige, dunkle Kringel im Fell, die sich nach Befeuchten bräunlich-rot verfärben.
Symptome	Flohstiche = extrem juckend. Rötliche Hautreaktionen, Pusteln, Ekzeme bei Massenbefall. Bei Allergie Schockreaktion möglich.
Gefahren	Gurkenkernbandwurm! Übertragung fast aller Erreger im Blut (Viren, Bakterien, auch Einzeller) möglich – bei Mensch UND Tier!
Anmerkung	Nur 1% der adulten Flöhe lebt auf dem Wirt, der »Rest« im Haus. Reine Bekämpfung am Tier daher meist nicht ausreichend.

I.II Lauschangriff: der gemeine Holzbock (Zecken)

Das »gemein« ist sowohl wissenschaftlich (= gewöhnlich) als auch dem üblichen Sprachgebrauch nach zu verstehen, denn Zecken dürfen ebenso wie Flöhe als Überträger von Krankheitserregern für Mensch und Tier keinesfalls unterschätzt werden. Zecken zählen wie die (deutlich kleineren) Milben zu den Spinnentieren und beglücken uns in verschiedenen Arten – die insofern für uns relevant sind, als sie unterschiedliche Lebensbereiche und Gewohnheiten haben:

Wenn Sie einen »echten« Baum im Haus haben möchten, sollten Sie warten, bis die Rinde abgebröselt ist und die darunter hausenden Bewohner bis auf den letzten Nachzügler ausgezogen sind ... und bedenken Sie: auf Hartholz lässt es sich schlecht klettern!! Foto: Kilian

- Die Lederzecken verkriechen sich tagsüber in Ritzen (zumeist in Dachböden und Hühnerställen) und suchen sich in der Stille der Nacht für eine halbstündig dauernde Blutmahlzeit einen Wirt, welcher auch der menschlichen Spezies angehören darf – was einer romantischen Übernachtung im Heuschober einiges an Reiz nehmen dürfte. Ein Massenbefall kann kleineren Haustieren einen beträchtlichen Blutverlust zufügen. Sie legen ihre Eier bevorzugt in Häusern ab, wo sie ohne Wirt bis zu drei Jahre überleben.
  Charakteristisch ist ihre dehnungsfähige, gesogen etwas »verschrumpelt-meliert« aussehende Oberfläche. Besonders verbreitet durch Vögel (Tauben!) und Geflügel.
- Schildzecken (= auch Braune Hundezecke genannt) saugen sich in der warmen Jahreszeit am Wirt fest – meist Hund, mangels diesem (selten) auch Katze oder Mensch – ziehen sich tagsüber jedoch in Schlupfwinkel zurück, wobei sie ziemlich weit wandern. Ein Mal im Monat gönnen sie sich ein regelrechtes Saufgelage, das mehrere Tage dauern kann, danach fallen sie ab, bleiben aber trotzdem enorm beweglich. Sie leben gern in warmen Häusern, wo sie auch ihre 2000-4000 (!) Eier in Ritzen verstecken. Bei besten Entwicklungsbedingungen und aufgrund ihrer touristischen Neigungen können sie sich nach 65 Tagen explosionsartig bis auf die gesamte Nachbarschaft ausbreiten. Ohne Nahrung oder bei niedrigen Temperaturen erstreckt sich die Entwicklung auf bis ungefähr zwei Jahre.
  Charakteristikum ist das Rückenschildchen, daher der Name. Die Massen, die ich von mir plus Hund im letzten Sommer (ungesogen) abgesammelt hatte, präsentierten sich in schlichtem Schwarz und fielen satt getrunken in Dunkelgrau vom Hund ... (= ihr bevorzugter Wirt).
- Der Gemeine Holzbock wartet ausschließlich im Freien auf Tier und Mensch, bevorzugt im Unterholz, an Waldrändern, aber auch in Wiesen – auf allen Pflanzen bis zu maximal einen Meter Höhe. Er orientiert sich durch Duftstoffe und Vibrationen und lässt sich im Vorbeistreifen auf den Wirt fallen. Im Frühjahr und Herbst emsig bei der Arbeit, empfindet er heiße Sommer lähmend und im Winter wird geruht.
  Die Hochzeit findet auf dem Gastgeber statt, die Eiablage

(3000!) auf dem Boden (Schlafplätze). Sie sind extrem temperaturabhängig, sodass die dreistufige Entwicklung zwischen sechs Monate und zwei bis drei Jahre dauern kann. Genauso lan

Hallo Nachbarin! Freundschaftliche Kontakte lassen Untermieter ganz gern mal einen Wohnungswechsel erwägen ...
Foto: Binder

Ein Wechsel von Tier zu Tier (oder Mensch) ist also möglich, so lange der kleine Dracula noch nicht »angedockt« hat. Zumeist fällt der eingeschleppte Blutsauger innerhalb des Wohnbereichs ab, entweder ungesogen durch starke Erschütterung (= wenn wir die Katze kämmen oder unsere Kleider wechseln) oder eben bevor er »platzt« und – bleibt die kleine, dunkle Kugel unentdeckt – wandert nach erfolgter Verdauung mehr oder minder hurtig (je nach Art) in Richtung neuem Brötchengeber.
Selbst satt getrunken überlebt er häufig sogar den Staubsauger und kann ihn nach dem Abspecken sehr wohl auf gleichem Wege unbeschadet wieder verlassen. Ein Insektizid-getränkter Wattebausch im Beutel könnte Abhilfe schaffen (nachsprühen nicht vergessen).

ge kann auch eine einzige Blutmahlzeit zum Überleben reichen.
Beide Geschlechter werden mit grau-rotbraun beschrieben, die Weibchen zeigen einen dunklen Nackenpanzer. Kein bevorzugter Wirt, sie nehmen, was kommt.

Für ihre Mahlzeit stechen Zecken nicht wie andere Blutsauger kleine Adern an, sondern graben mit ihrem durch Haken bewehrten Hypostom (= eine Spaltöffnung auf der Unterseite) eine Grube. Verläuft die Orgie ohne Störungen, kann bei zahlreichem Befall sogar großen Tieren ein bedeutender Blutverlust zugefügt werden, der mit Anämie und einer besonderen Anfälligkeit für Infektionskrankheiten einhergeht. Bei guten Bedingungen erreicht so mancher Methusalem eine natürliche Lebenserwartung von angeblich bis zu zehn (!) Jahren.

Im Duell mit der Chemie

Rüdes Unterbrechen der nicht genehmigten Blutmahlzeit ist mit einer vernünftigen Zeckenzange oder Pinzette nicht schwer, geübte Zweibeiner sind mit den Fingernägeln in Sekundenschnelle ebenso erfolgreich zugange.

- Sämtliche seitenlangen Abhandlungen über Drehrichtung oder vorherige Betäubung (Alkohol, Nagellackentferner, Öl etc.) sollten Sie nicht nur getrost ad acta

Auch kleine Gärtchen sind vor winzigen Zuwanderern nicht sicher. Wer die Botanik nicht mit der Lupe absuchen will, sollte mittels Spot-on auf der Mieze vorsorgen. Foto: Wellmeyer

legen, sondern ganz schnell vergessen – denn:

- wichtig ist ausschließlich, **dass es schnell geht,** damit der Fiesling keine Zeit hat, Darm- oder Speichelinhalt in die Saugstelle zu pressen (= potenziell erregerhaltig, siehe nachfolgender Abschnitt).
- Umschließen Sie mit der Spitze der Pinzette (Zeckenzange) unter der Zecke die in der Haut steckenden Mundwerkzeuge und hebeln das Untier mittels leichter Hin- und Herbewegungen heraus (Körper nicht quetschen!). Funktioniert das nicht wunschgemäß und es bleiben Reste in der Haut,

Flöhe, Zecken, Milben, Würmer – da kommt einem ja das kalte Grausen! Ich such mir jetzt einen eigenen Menschen, der mir solche Sorgen abnimmt.
Foto: Binder

wird die Stelle zunächst desinfiziert (eine entzündungshemmende Salbe ist auch nicht übel – sofern Mieze sie nicht ablecken kann) und das Rudiment nach einiger Zeit mittels spitzer Pinzette entfernt, sollte es nicht von alleine austreten = auch Silicea »kann« das: D6 (oder in welcher Potenz auch immer Sie es vorrätig haben), 3x im Abstand von etwa 15 Minuten gegeben.

Natürlich gilt auch hier, vorbeugen ist besser als sich hinterher gruseln – oder gar mit fatalen Folgeschäden konfrontiert zu werden.

- Katzen mit »Ausgang« (und Hund) sind wohlversorgt mit einem Spot-on von FRONTLINE. Andere Präparate haben ebenso wie orale Gaben von zum Beispiel Cyflee wenig bis keine Wirkung gezeigt.
- Wir Zweibeiner begeben uns nur mittels abschreckender Repellentien (AUTAN) auf den Wandertag und sprühen unsere untere Hälfte innen (= Haut) wie außen (= Kleidung) gut ein – beides ist wichtig, denn sonst traut sich vielleicht einer nicht ans Bein, lässt sich aber auf der Hose oder den Socken ins traute Heim tragen und sucht sich dort einen Gastgeber. *Achtung*: Der Schutz hält meist nur etwa zwei Stunden lang an, also stopfen Sie das wichtige Helferlein in den Rucksack.
- Für die Bekämpfung im Haus (bei Schild/Hundezecken absolut unerlässlich, um einen Massenbefall zu verhindern) eignen sich in etwa die gleichen Präparate wie gegen Flöhe (Sprühmittel und akarizidhaltige Kaltnebel wie Dichlorvos). Lassen Sie sich vom Tierarzt/Apotheker beraten und ***beachten Sie unbedingt die Angaben des Herstellers***, das Zeug ist wirklich sehr giftig.
- Vorsorge im Garten: Nagetiere (Mäuse) sind auch beliebte Zecken-Taxis – wenn Sie es schaffen, sie an der Mitbenutzung des Eigengrüns zu hindern = engmaschiger Draht, etwa 40-50 cm hoch und im Boden versenkt – haben Sie deutlich bessere Karten.

Furios im Finale

Die vielseitigen Ekelpakete kommen für die Übertragung von über fünfzig verschiedene Krankheitserregern infrage – vor allem Babesiose, Hämobartonellen (Katze, Hund), Borreliose (Katze und Mensch) sowie die von uns absolut mit Fug und Recht gefürchtete Frühsommer-Meningo-Encephalitis (FSME), die jeder medikamentösen Behandlung trotzt und für ältere wie geschwächte Personen durchaus den Tod bedeuten kann. Weshalb der Vorsorge (= Impfung) ganz besondere Bedeutung zukommt. Für beides ist – mit steigender Tendenz – der Holzbock »zuständig«, aber Harmlosigkeit ziert die anderen Verwandten darum nicht weniger, weshalb wir sie hier noch einmal in der Zusammenfassung unter die Lupe nehmen wollen.

STECKBRIEF ZECKEN			
	Lederzecken = Taubenzecken	**Schildzecken** = Hundezecken	**Holzbock**
Übertragung	Von Tier (Vögel, Nager, Hunde) zu Tier/Mensch. Über Büsche, Beutetiere. Leben + Eiablage gern in Haus (Dachböden) und Ställen. Ganzjährig.	Wie Lederzecken, leben aber vorwiegend im Freien. Ganzjährig.	Von Tier (Säuger und Vögel) zu Tier/Mensch. Buschwerk, Unterholz, Wiesen. Leben + Eiablage nur im Freien. Frühjahr, Herbst (kühle Sommer)
Erkennen	11 x 7-8 mm, schwarz-graue, verschrumpelte Oberfläche (ähnlich einer Dörrpflaume). Erwachsen 8 Beine, Larven 6	3 mm bis 1,2 cm (= vollgesogen), braun-schwarz, Nackenschild. Erwachsen 8 Beine, Larven 6	8 mm/rotbraun bis 1,5 cm/grau-grünlich (gesogen). Erwachsen 8 Beine, Larven 6
Erkrankung/ Tier	Juckreiz, viele kleine Stichstellen, Mattigkeit, generelle Schwäche, eventuell Blutarmut (= weiße Lidbindehäute)	Zunächst Juckreiz und Ausschlag. Infektion mit Blutparasiten: **Babesiose, Hämobartonellose, Hepatozoonose** = alle mit ähnlichen Anzeichen: länger andauernde Apathie, Schwäche, Fieber, Blutarmut, Gelbsucht, Sehbeschwerden. Ohne Behandlung tödlicher Verlauf.	Bevorzugt auf Ohren, Augenlider, Maul. Auch Kopf, Hals, Nacken, Brust, Wirbelsäule, Zehenzwischenräume. Infektion mit **Borreliose:** Juckreiz, Schwellungen, nach etwa 6 Wochen Bewegungsstörungen, Gelenksbeschwerden, Lähmungen – Herz- und Hirnschäden mit Todesfolge möglich. **Tierarzt!!!** FSME-Viren werden zwar übertragen, können sich aber in der Katze nicht entwickeln.

STECKBRIEF ZECKEN – Fortsetzung			
	Lederzecken = Taubenzecken	**Schildzecken** = Hundezecken	**Holzbock**
Erkrankung/ Mensch	Der Stich wird meist erst nach Stunden bemerkt, wenn Juckreiz auftritt, sich Pusteln bilden und die Stichstelle blutet. Sekundärinfektionen sind möglich, die je nach Symptom behandelt werden müssen.	Juckreiz, Ausschlag. Bei unsachgemäßer Entfernung kann ein lokales Granulom = körnige Geschwulst entstehen = desinfizieren. Die Blutparasiten entwickeln sich nicht im Menschen.	Der Saugakt bleibt schmerzfrei, danach Hautrötung, Pusteln, Juckreiz, Nekrosen = Absterben der Haut im Stichzentrum. Übertragbare Erreger: **Borreliose**, Krankheitsverlauf ähnlich wie bei der Katze. **FSME = Meningo Encephalitis** beginnt mit Müdigkeit, Kopf/ Gliederschmerzen, Halsentzündungen, Übelkeit, Fieber, Appetitlosigkeit, Augenentzündung und Steigerung zu lebensbedrohlichen Zuständen (**Arzt !!!**)
Anmerkung	Selten beim Saugakt (dauert mehrere Tage) direkt am Tier/Mensch zu finden.	Saugakt dauert bis zu 5 Tage. Darm- und Speichelinhalt potenziell erregerhaltig, daher **schnelles Entfernen wichtig!**	Saugakt der Stadien zwischen 3 und 14 Tagen. **Schutz für Freigänger** (Spot-on) und lebensrettende **Impfung für Menschen** enorm wichtig!!

Ist Mieze reichlich vom Pech verfolgt, kann sogar die so genannte **Zeckenlähme** auftreten – dabei werden zunächst die Muskulaturen der hinteren Extremitäten gelähmt und danach die vorderen, was bei Erreichen der Atemmuskulatur logischerweise zum Tode führen kann. Wird die Zecke rechtzeitig abgelöst, ist die Lähmung innerhalb von 12 bis 24 Stunden reversibel – aber wann ist rechtzeitig? Daher:

Bei *jeglicher Auffälligkeit* – zum Beispiel Fieber, Lymphknotenschwellungen, undefinierbare/s Verfallserscheinungen und/oder Erbrechen, bei allem, was Ihnen irgendwie nicht geheuer vorkommt – sollten Sie *unverzüglich* den *Medicus kontaktieren* – das gilt für Tier wie Mensch, denn eine ernsthafte Erkrankung ist auch immer ein Wettlauf mit der Zeit!

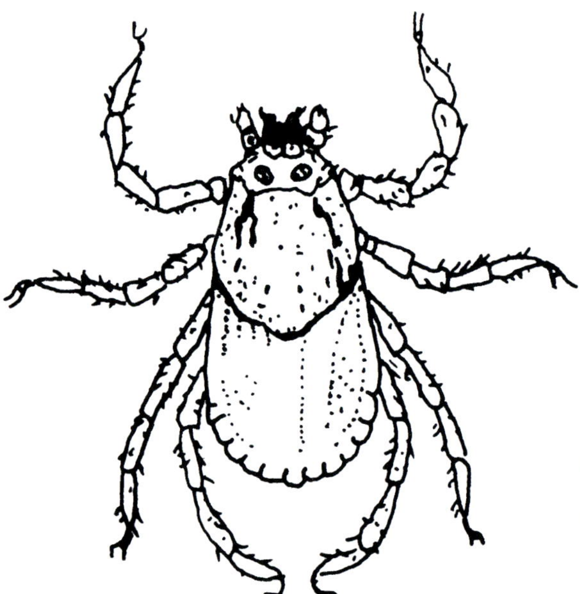

Braune Hundezecke (nach Mehlhorn), Originalgröße ca. 3 mm, vollgesogene Weibchen bis zu 1,2 cm.

Untermieter mit Familie – Milben, Maden, Läuse

Wenn Mieze mit »nach innen« gerichtetem Gesichtsausdruck, halb geschlossenen Augen und hängenden Ohren um diese herum kratzt und kratzt und kratzt ... dann können Sie davon ausgehen, dass sie weniger mit philosophischem Grübeln beschäftigt ist, sondern aller Wahrscheinlichkeit nach eher einer Irritation der Haut zu Leibe zu rücken versucht – deren Ursache vielfältiger Natur sein kann: von nervösen Störungen über Allergien bis hin zu einer Pilzinfektion ist alles möglich. In den meisten Fällen jedoch hat lästiges Krabbelzeugs den wohl gepflegten Haushalt heimgesucht. Der »Schuldige«, nämlich wer und wie sie eingeschleppt wurden, ist in den meisten Fällen nicht (mehr) eruierbar.

Saubere Ohren, klare Augen, perfekt gepflegtes Pelzchen ... ich hab' meine Familie bestens trainiert! Foto: Hofer/Puntigam

II.I Sie sind unter uns: Milben

Finden sich keine Hinweise auf die im ersten Kapitel genannten Einlieger, ist das Adlerauge gefragt, denn die Ursache sind häufig Milben – sie sind zwar unmittelbare Verwandte der Zecken, aber leider ziemlich winzig – 0,2 bis 1,1 mm klein ! – und mehr oder weniger nur über den Schaden auszumachen, den sie anrichten. Zwar steht bloß bei wenigen Arten Blut auf dem Speisezettel, aber auch die anderen sind keineswegs ungefährlich und für allerlei Erkrankungen »gut« – und zwar bei Tier wie Mensch!
Selbst wenn Mieze – verständlicherweise unbemerkt durch den Besitzer – nur eine einzige einsame Milbe eingefangen hat, beglückt sie uns in ungefähr drei Wochen mit Zuwachs. Denn so lange dauert in etwa der Entwicklungszyklus, der sich zudem in allen Stadien vom Ei bis zur Milbe auf dem Wirtstier vollendet. Nur die Herbstgrasmilbe ist die Ausnahme von der Regel, ihre Larve lebt parasitär, die anderen Entwicklungsstadien im Boden. Die kleinen Ekelpakete sind zudem ziemlich widerstandsfähig und können ungenügenden oder falschen Bekämpfungsmaßnahmen ganz leicht ein Schnippchen schlagen, indem sie nicht nur überleben, sondern auf andere Körperstellen auswandern und nach Beruhigung des Terrains wieder zurückkehren. Um eine Reinfektion zu vermeiden, muss nicht nur die Behandlung konsequent und ausreichend lange durchgeführt werden, sondern alle Tiere im Haushalt einschließen. Nicht minder wichtig sind das Aussprühen oder Auskochen von Liege- und Schlafplätzen und eine wiederholte, gründliche Reinigung der Wohnräume.

Bitte veranstalten Sie auf keinen Fall heimliche medizinale Orgien!!! Für die Vertreibung der Untermieter aus dem Paradies sollten Sie IMMER den kundigen Rat eines Tierarztes einholen beziehungsweise die Behandlung in seine bewährten Hände legen.

Viele Insektizide sind für Katzen nicht verträglich und Salben oder Wässerchen, die der Nachbarskatze doch so gut geholfen haben, können bei Ihrem Liebling mehr Schaden anrichten als nützen. Vor allem auf wunden Stellen dürfen sie – ebenso wie Puder! – nicht aufgebracht werden!

Eine Früherkennung ist zwar nicht gerade leicht, aber dem aufmerksamen Besitzer werden die nachfolgend, im Einzelnen angeführten Krankheitsbilder schnell auffallen. Im Prinzip ist es zwar relativ egal, wie die Plagegeister (es gibt eine ganze Reihe davon) nun heißen, aber irgendwie muss ja Ordnung in die Tabelle ...

STECKBRIEF MILBEN			
Befall	Übertragung	Symptome/Katze	Symptome/Mensch
Haarbalgmilben (Demodex cati) parasitieren tief in Haarfollikeln, an Körperstellen mit dünner Haut und wenig Haaren = Nasen- und Augengegend, am Ohr und im äußeren Gehörgang. Leben von Talg und Haarwurzeln.	Die Übertragung erfolgt fast immer von der Mutter auf die Kitten, die zeitlebens latente Träger bleiben. Kranke und geschwächte erwachsene Katzen sind gleichfalls gefährdet. Weltweit verbreitet, vorwiegend USA.	Leitsymptom Juckreiz, dazu scharf begrenzte, schuppig-rötliche Herde. Bei 20% trotz Behandlung (!) später Absonderungen der Talgdrüsen, Eiterausschläge. Sekundärinfektionen mit Bakterien führen zu Abszessen, großflächigen Entzündungen, Haarausfall (typisch: ranziger Geruch). Blutvergiftung mit tödlichem Verlauf ist möglich.	Keine Übertragung bekannt, jedoch können immungeschwächte Menschen durchaus bedroht sein.
Die Diagnose ist nur mittels Hautgeschabsel möglich, die Heilung schwierig. Der kundige Veterinär wird (unter anderem) das Immunsystem stärken und Cortison vermeiden, da es immunsuppressiv (= die körpereigene Abwehr unterdrückend) wirkt und damit die Milbe begünstigt.			

<table>
<tr>
<td>Hautmilben I (Notoedres cati) Auch Kopfräude genannt, beginnt am Ohr und breitet sich (durch Kratzen) über den ganzen Körper aus. Sie graben sich in die Haut und ernähren sich von Gewebsflüssigkeit.</td>
<td>Von Tier zu Tier. Doch verlassen alle Entwicklungsstadien zeitweilig den Wirt (überleben dann nur wenige Tage = weil sie niedrige Temperaturen nicht vertragen) und kommen so auf Bürsten, Kämme, Bett(chen), Sofa – und damit auch auf den Menschen! Weltweit verbreitet, aber relativ selten.</td>
<td>Nach 1 bis 2 Wochen Inkubationszeit Juckreiz, kleieartige Schuppen, Pusteln, Knötchen, Haarausfall mit grauen, rissigen Krusten, Falten und Borken, die blutig-eitriges Sekret absondern. Sekundärinfektionen mit Bakterien können unbehandelt zu Blutvergiftung mit Todesfolge führen.</td>
<td>Diese Milben bohren sich auch durch menschliche Haut. Besonders Kleinkinder sind gefährdet (Zoonose = Infektionskrankheit).</td>
</tr>
<tr>
<td colspan="4">Hautgeschabsel mit Erregernachweis notwendig. Gute Vernichtungschancen gegeben. Um eine Reinfektion zu vermeiden, ist eine regelmäßige Fellkontrolle plus entsprechende Hygiene (Schlafplätze) angeraten.</td>
</tr>
<tr>
<td>Hautmilben II (Sarcoptes scab.) = Grabmilben. Besiedeln ausgehend vom Kopf sehr schnell den ganzen Körper.</td>
<td>Sehr leicht von Tier zu Tier, weil sie frei durchs Fell laufen. Weltweit verbreitet, Tendenz steigend.</td>
<td>Symptome fast ident mit Hautmilben I. Die Ausbreitung wird durch Schwäche oder Mangelerscheinungen begünstigt.</td>
<td>Verursacht eine Scheinräude, meist beginnend an den Händen (= durch Streicheln).</td>
</tr>
<tr>
<td colspan="4">Diagnose, Behandlung und Hygiene sind gleich wie bei Hautmilben I, kann jedoch langwieriger verlaufen, weil sie sehr hartnäckig sind. In manchen Ländern gelten Grabmilben als Seuche und sind anzeigepflichtig!</td>
</tr>
</table>

Ohrmilben (Otodectes cynotis) Klettern bis tief in den Gehörgang, ernähren sich durch Anstechen der Haut von austretendem Blut und Körpersekreten.	Von Tier zu Tier (auch Hund), über Lagerstätten und Bürsten. Überleben, vom Wirt abgefallen, mehrere Wochen. Weltweit verbreitet, in Europa sind etwa 80% der Freigänger betroffen – auch Sofatiger *können* gefährdet sein!	Juckreiz in den Ohren, ständiges Kopfschütteln. Bräunlich-schwarzer, übel riechender Ausfluss, Krusten, oft glänzende Borken. Sekundärinfektionen können zum Durchbruch des Trommelfells führen, nervöse Störungen und Taubheit sind die Folge. ACHTUNG: Bei älteren Tieren kommt es oft zu einem biologischen Gleichgewicht zwischen Invasoren und Träger. Als (fast) symptomlose Träger sind sie eine latente Infektionsgefahr!	Auch für den Menschen besteht durch Kontakt mit der Katze/Hund und befallenen Geräten (Schlafplätze) Infektionsgefahr. Gleiche Symptomatik.
Die Symptome machen die Diagnose eindeutig, außerdem sind die relativ großen Milben mittels Handlupe erkennbar. Fummeln Sie dann bitte nicht mit Wattestäbchen in Miezes Ohr herum, Sie schieben damit den Pfropf nur noch tiefer hinein. Manche Tierärzte, die sehr viel mit Ohrräude zu tun haben, glänzen mit sehr effizienten Wundermitteln Marke Eigenbau, aber auch die »üblichen« Kombinationspräparate sind nicht weniger wirkungsvoll. Die manchmal langwierige Behandlung (zumindest 14 Tage) muss in hartnäckigen Fällen regelmäßig wiederholt werden. Die Gefahr der Reinfektion ist groß, da Ohrmilben ganz gern »auswandern« und nach Behandlungsende wieder ins Ohr zurückkehren. Regelmäßige Inspektion der feliden Lauscher ist die beste Prävention.			

Fell(Raub)milben (Cheyletiella sp.) Vorwiegend Kopf, Nacken, Schulter-, Rückenbereich. Das Weibchen umspinnt die Eier kokonartig und klebt sie ins Fell. Ernähren sich von Hautteilen, wobei sie die Hautoberfläche verletzen.	Von Tier zu Tier (auch Hund), über Lagerstätten und Bürsten. Überleben ohne Wirt bis zu 10 Tage. Weltweit verbreitet, in Europa sind circa 3% der Freigänger betroffen. Massenbefall in großen Beständen (Zuchten, Tierheime) möglich.	Geringgradiger Befall bleibt oft symptomlos unentdeckt – wodurch sich die Lästlinge schnell vermehren können. Dann sehen wir trockene Schuppen, Knötchen, Haarausfall, begleitet von starkem Juckreiz. Steigert sich unbehandelt zum räudeartigen Krankheitsbild mit Entzündungen und übermäßig starker Verhornung der Haut.	Heftig juckende Hautreizungen mit großen (4-6 mm), flachen Knötchen, Pustel- und Krustenbildung, die von alleine verschwinden können, wenn der »Nachschub« ausbleibt.
Der Nachweis kann eigenhändig mit der simplen Klebestreifenmethode erbracht werden: Das Fell an einer befallenen Stelle wird vorsichtig gescheitelt und ein Tesafilm draufgepresst. Der so verhaftete Parasit ist meist mit freiem Auge erkennbar, da er relativ groß ist = 0,4-0,5 mm. Klarheit bringt auch kräftiges Ausbürsten auf dunklem Untergrund = wenn die hellen »Brösel« wandern. Die Bekämpfung mit entsprechenden Insektiziden (Tierarzt!) ist problemlos, muss aber üblicherweise wiederholt werden, weil die Mittel nicht auf die Milbeneier wirken.			

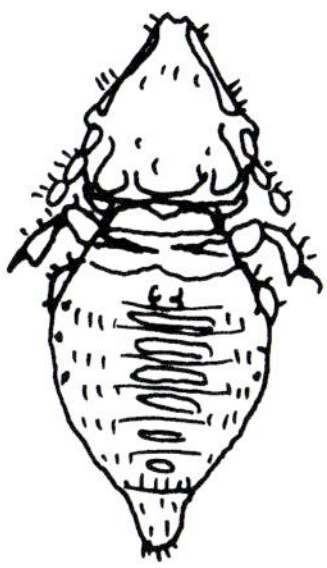

Katzenhaarling (nach Mehlhorn), Originalgröße 0,5-1,3 mm.

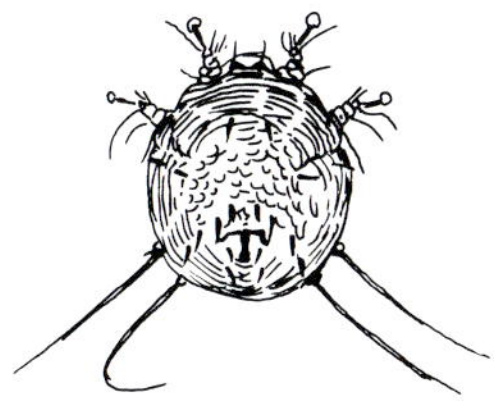

Räudemilbe (nach Mehlhorn), Originalgröße 0,14-0,3 mm

Herbstgrasmilben (Neotrombicula) Überwiegend im Herbst (etwa ab Ende Juli) sitzen die Larven auf Gräsern und Büschen und warten auf Wirte. Ernähren sich von Hautzellbrei, Blut, und fallen nach etwa 7 Tagen vom Wirt ab (Entwicklung auf dem Boden)	Durch »bewohnte« Pflanzen, aber genauso von Tier zu Tier – *jeder Warmblüter ist gefährdet*, damit natürlich auch der Hund. Weltweit verbreitet, in Europa keine übertragbaren Erreger bekannt.	Bräunlich-rote Pünktchen (= wenige Milben) im Fell ohne Vorzug eines Körperteils. Starker Juckreiz. Hochgradiger Befall: viele blutig unterlaufene Hautstellen, Pusteln, später räudeähnliches Krankheitsbild, das besonders an Stellen mit weicher Haut auffällt: Unterbauch, Ohrmuschel, Gesicht, Schenkel, Zehenzwischenräume, Schwanzspitze.	Auch der Mensch ist ein Warmblüter und muss sowohl im Freien als auch über Tierkontakt mit einem Übertritt rechnen. Auf unserer glatten Haut sind die juckenden, blutig unterlaufenen Pünktchen leicht auszumachen.
Die Therapie (Insektizide, Juckreiz stillende Salben/Homöopathika) ist relativ einfach. Ohne (Tier-)arzt sollten Sie's trotzdem nicht versuchen.			

Hühnermilben (Dermanyssus g.) Wohnen gern in Stallungen und Nistplätzen. Hauptsächlich (Sommer-Herbst) nachts aktiv, überfallen ihre Wirte (im Schlaf) zwar nur für Minuten, dafür aber in Kolonnen. Ernähren sich von Blut und können 5 Monate lang hungern!	Durch Direktkontakt. Sie sind nicht wählerisch und befallen (fast) alles vom Hamster über den Hund bis zu uns. Weltweit verbreitet, in Europa keine übertragbaren Erreger bekannt.	Starker Juckreiz. Rund um jede Einstichstellen entsteht ein kleines Knötchen mit blutiger Zentrale. Flächige Eiterherde möglich.	Auch der Mensch schmeckt, sollte er in »Milben-Wohnnähe« nächtigen. Aufgrund ihrer Größe = bis zu 1,1 mm wären sie (rot bis grau-schwarz) relativ leicht auszumachen.
Therapie: Desinfektion, Juckreiz stillende Präparate/Homöopathika. Zur Prävention entfernen Sie alte Vogelnester am Haus und versiegeln Ritzen rund um bewohnte Brutstätten. Bei nachgewiesenem Befall müssen Ställe (Zwinger) und Böden mit Insektiziden (Anwendungshinweise unbedingt beachten!!) behandelt werden. Wiederholung aufgrund kurzer Entwicklung (4-10 Tage) notwendig.			
Vogelmilbe (Ornithonyssus b.) An sich wirtstreue Blutsauger, mit Entwicklung (in 8-14 Tagen) auf dem Wirt (überleben ohne diesen 3 Wochen)	Kommen bei engem Kontakt (= fangen und/ oder fressen einer Maus) an die Katze. Bei Nagern weltweit verbreitet.	Schwacher Befall meist ohne Symptome. Sonst Ekzeme, Verkrustungen, Haarausfall, oft auch Anämie.	Beim Entsorgen von »geschenkten« Mäusen ist auch ein Übertritt auf den Zweibeiner zwar selten, aber möglich.
Diagnose und Behandlung wie bei Fellmilben. Achtung, wenn Sie Ihrem Filius eine Maus in der Zoohandlung kaufen, sie können (genauso wie Labormäuse) infiziert sein.			

Sie haben es schon bemerkt: zu Milben können Sie kommen wie die sprichwörtliche Jungfrau zum Kind, denn selbst gepflegteste Haushalte sind nicht (immer) davor gefeit – jedenfalls nicht von allen, je nach Art. Deutlich wird aber genauso, dass geschwächte Tiere eine besonders leichte Beute abgeben, und das betrifft nicht nur kranke oder rekonvaleszente, sondern auch schlecht oder unzureichend ernährte/gepflegte. Die erhebliche Belastung, der Mieze durch stärkeren Milbenbefall ausgesetzt ist, kann wirklich nur ein gedankenlos Nachlässiger übersehen!

Für die genaue Diagnose ist häufig (nicht immer) ein Hautabstrich notwendig. Konsequenz und Disziplin des Besitzers vorausgesetzt, können die ungeliebten Invasoren für gewöhnlich vernichtend geschlagen werden.

II.II In schlechter Gesellschaft: Maden und Läuse (Haarlinge)

Ist man(n)/frau, höflich ausgedrückt, nicht gerade mit dem nöti-

Wer die Fliege zuerst erwischt, ist Sieger ... auf die Plätze, fertig – los! Foto: Pollo

gen Putzfimmel gesegnet oder bevölkert eine beachtliche Unzahl von Tieren die dadurch eher weniger überwältigend gemütliche Bleibe, nisten sich gern Parasiten ein, vor denen sich gepflegte Haushalte samt lebendem »Inventar« an sich nicht fürchten müssen. Zum Auftakt eine Infektion, die extrem selten als solche erkannt wird:

- genauso wie verschiedene Milbenarten legen auch einige Fliegen ihre Eier oder Larven in die Nasenhöhlen vernachlässigter Katzen (Hunde) und verursachen später bakteriell entzündliche Gewebszerstörungen. Charakteristische Anzeichen wie unspezifizierte Niesanfälle und Nasenjucken bleiben gern unbeachtet – schaut ja nicht nach Schnupfen aus ...

Fliegenmaden (Myiasis)

Fliegen im Haus lassen sich nicht immer verhindern – selbst wenn Sie Tür und Tor per Netz vergattern und/oder Mieze abfangjägermäßig hilfreich zugange ist – und stellen dem zuständigen Zweibeiner durchaus kein schlechtes Zeugnis aus. Die entbehrlichen Brummer werden aber nun mal gern von organischem Abfall angelockt wie die Biene vom Zuckerwasser – das bedeutet, dass sie sich auf Kothäufchen genauso begeistert niederlassen wie auf vergammelten Futterresten (um dort auch jeweils ihre Eier abzulegen) – und damit kommt sehr wohl der Mensch ins Spiel.

Nicht weniger begehrte »Nistplätze« bieten geschwächte, kranke und/oder sehr vernachlässigte Katzen (siehe oben), besonders wenn sie wunde (= aufgekratzte) oder verschmutzte Stellen (After, Scheide) vorfinden. Dazu zählen auch das durch Nachgeburtsblutungen verunreinigte Fell und blutige oder unsaubere Nest-/Betteinlagen. Bereits acht Tage nach der Eiablage können die Larven schlüpfen und die arme Mieze (respektive die Kinderstube) ist übersät mit kleinen, weißen Maden. Sie fressen sich mit ihren Mundhaken in offene Wunden oder verschmutzte Körperöffnungen hinein, schädigen umliegendes, auch gesundes Gewebe und lassen sich erst kurz vor der Verpuppung (nach ein bis zwei Wochen) wieder zu Boden fallen. Ihre Ex- und Sekrete verhindern die Wundheilung und durch die dauernde Irritation des Gewebes gesellen sich häufig Sekundärinfektionen hinzu, die die Katze extrem schwächen können. *Wird ein zahlreicher Befall erst spät entdeckt, ist es häufig unmöglich, die Katze noch zu retten* – das klingt jetzt ganz cool wissenschaftlich, aber allein der Gedanke an die derart geplagten Samtpfoten lässt wohl

STECKBRIEF MADEN		
Befall	Symptome/Tier	Gefahren/Mensch
Über verschiedene Arten von Fliegen. Weltweit verbreitet	Reiskorn-ähnliche, schlanke Fliegeneier und/oder weiße, auch dunkelbraune, fußlose Larven (= 6-12 mm) auf der Katze oder deren Lagerstätte. Larven bohren Gänge, die am Eintritt eitern. Sekundärinfektionen führen unbehandelt zu extremer Schwäche mit Todesfolge.	Die Maden selbst stellen für den Mensch keine Bedrohung dar, doch gelten erwachsene Fliegen als Überträger verschiedener Erreger (Bakterien, Ruhramoeben)
Für die Behandlung ist in erster Linie eiligst das Absammeln der Maden/Eier von Bedeutung. Danach rasen Sie **unverzüglich!! zum Tierarzt**, dem die Säuberung der Wunden und die antibiotische und entzündungshemmende Versorgung zufällt. *Auf keinen Fall dürfen Insektizide (oder Puder auf offenen Wunden) angewendet werden!* Dass die Hygiene gesteigerter Aufmerksamkeit bedarf, muss ich ja wohl nicht extra betonen.		

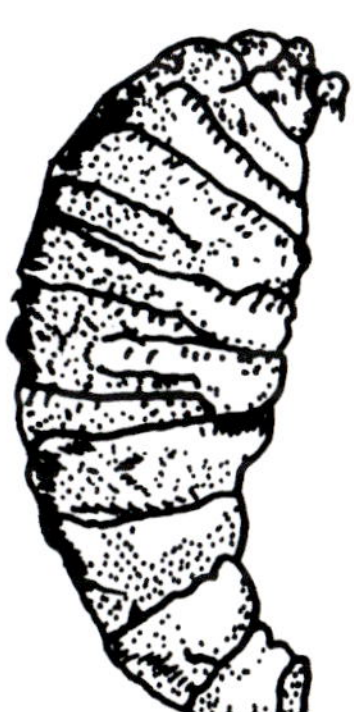

Fliegenlarve (Made, nach Mehlhorn), Originalgröße ca. 12 mm.

jeden schaudern! Wer seine Tiere nicht ausreichend pflegen kann, sollte wirklich keine haben!

Haarlinge (Felicola subrostratus)
Auch diese kleinen, gelben Läuse kommen vorwiegend bei ungenügenden Haltungsbedingungen vor. Die Ansteckung erfolgt durch ein Überwandern von infizierten Tieren,

Manche sieht man, manche nicht – was in einem Körbchen so alles leben kann ...
Foto: Binder

allein der heftige Juckreiz dürfte nicht unbemerkt bleiben. Durch das ständige Herumwandern im Fell sind sie nicht nur leicht übertragbar, sondern manchmal sogar mit freiem Auge sichtbar = die gelblichen Weibchen werden 1,3 mm groß. Sie kleben ihre Eier in das Fell des Wirtes, wo nach etwa fünf bis acht Tagen die Larven schlüpfen. Nach weiteren zwei bis vier Wochen sind die jungen Läuse geschlechtsreif und bereit, sich weiter zu vermehren. Fallen sie von der Katze ab, können sie etwa zwei Wochen lang ohne Wirt überleben. Starker Befall verursacht Haarausfall und Ekzeme, vorzugsweise an Kopf, Hals und Rücken.

Von ihrem Wirt getrennt überleben die Parasiten nur acht bis 14 Tage, landen also beim Kämmen einige am Boden/Sofa/Teppich oder am Schlafplatz, können die Plagegeister bei regelmäßigem Einsatz des Staubsaugers beziehungsweise penibler Reinigung nicht mehr viel Schaden anrichten.

Die Sache mit dem Trichter = die »Halskrause« während der Therapie

Der konventionellen Medizin steht heute eine Palette vorwiegend äußerlich anzuwendender Behandlungsmethoden zur Verfügung, gelegentlich werden auch Injektio-

STECKBRIEF LÄUSE		
Befall	Symptome/Tier	Gefahren/Mensch
Bei Körperberührung. Leben von Schuppen und Wundsekreten. Weltweit verbreitet, aber relativ selten (unter 0,1%)	Starker Juckreiz, Unruhe, Ekzeme, Verkrustungen und Haarausfall = bei Massenbefall (vorzugsweise Kopf, Hals, Rücken) oder geschwächten Tieren. Kleben (sichtbar) ihre Eier an den Haaren fest. Durch orale Aufnahme der Läuse (beim Putzen) können Larvenstadien des Gurkenkernbandwurms in die Katze gelangen = am After/Fell klebende »Reiskörner«	Auch der Mensch ist gefährdet = starker Juckreiz, wenn er zum Beispiel streunende Tiere streichelt! UND eine Infektion mit dem Gurkenkernbandwurm ist nicht unbedingt auszuschließen
Die Behandlung mit Kontaktinsektiziden sollte dem Tierarzt überlassen werden; sie muss 2x in zweiwöchigen Abständen wiederholt werden wegen ihrer ungenügenden Wirkung auf Larven/Eistadien. Puder oder Spray nach Einwirkzeit wirklich gründlich auskämmen. Bandwurm-Prophylaxe nicht vergessen!		

nen verabreicht – allerdings zumeist eher im Zusammenhang mit einer Stärkung der Konstitution. Damit Mieze das Präparat nicht ablecken kann – wodurch sich (bestenfalls) der Magen/Darmtrakt beleidigt fühlt – ist das Aufbringen von Salben leider meist mit der mehr als ungeliebten Halskrause (dem Plastiktrichter) verbunden. Was die meisten Katzen enorm irritiert, weil dadurch das Gesichtsfeld beängstigend eingeschränkt wird – sie kann ja bestenfalls auf die Barthaare schielen. Stehen doch wir schon stocksteif, wenn wir einen Genickschutz (etwa nach einem Crash mit dem Nachbarauto) tragen müssen. So mancher Katze geht es daher mindestens genauso: Sie wurzelt oder fällt einfach um und erklärt, sich nicht mehr bewegen zu können. Oder sie legt den Rückwärtsgang ein in der Hoffnung, dass das Ding abfällt ... die Reaktionen sind unterschiedlich, ich kenne jedenfalls keine, die sich auf Anhieb damit abgefunden hat.

Nun sind die Trichter aber meist so groß, wie sie zur effektiven Hilfe gar nicht sein müssten. Eine »kosmetische Korrektur« lässt das Opfertier wenigstens drüber gucken: schneiden Sie ihn rundherum auf etwa 1 cm über Kinnlänge ab, alles was darüber hinausgeht ist unnütz. Das betrifft meistens in etwa gut die Hälfte des Trichters. Reden Sie mit Ihrem Tierarzt, er wird sich dafür erwärmen können – natürlich müssen Sie das Ding dann kaufen und können es nicht als Leihgabe betrachten, aber den Sparstrumpf wird's nicht belasten.

Rat. Nr. 2: Nehmen Sie die Halskrause – unter Aufsicht – immer wieder mal ab, damit Mieze wenigstens ungestört ihre Mahlzeiten einnehmen oder ihre Hinterlassenschaften im Klo akribisch einscharren kann. Dazu einmal auf und ab gehen, sich strecken und ungehindert tief Luft holen (vielleicht ein ablenkendes Spielchen?) – und dann halt wieder rauf mit der Halsfessel. Damit zu schlafen wird sie ebenso lernen (müssen) wie, dass auf heftige Putzversuche die sofortige »Vergatterung« folgt. Gott sei Dank ist es ja nur auf absehbare Zeit.

Eine saubere Alternative – Prävention und Behandlung

Überall dort, wo durch Verwahrlosung und Unterernährung die Lebensenergie geschwächt wird, liegt ein optimaler Nährboden für Parasitismus vor, das lässt sich gar nicht oft genug wiederholen. Trotz entsprechender Hygiene betrifft das natürlich auch kranke oder aus irgendeinem Anlass (vorübergehend) konstitutionell geschwächte oder gestresste Tiere. Eine vor Gesundheit strotzende und gut gepflegte Katze aber gibt zwar einen wohlschmeckenden, jedoch sehr unwirtlichen Gastgeber ab und wird von Schädlingen meist nur kurzfristig und ohne nennenswerten Nachteil für sie befallen, wie aus dem jeweiligen Profil ersichtlich ist. Zur Bekämpfung unerwünschter Fellbewohner sollten sich auch Anhänger der Alternativmedizin nicht den wirklich sehr effektiven Segnungen der Schulmedizin entziehen. »Brotlos« sind sie trotzdem nicht, denn die Homöopathie bietet Unterstützung. Wenn Sie also lieber alternativ (unterstützend) werken:

- zur allgemeinen Stärkung und Aktivierung des Säureschutzman-

Bei mancher »Besiedelung« kann auch das Abtasten der Lymphknoten hilfreiche Hinweise liefern. Foto: Binder

tels der Haut Sulfur D30, wöchentlich 1 Tablette für 3 bis 4 Wochen.

- Eine einzige Gabe Sulfur D30 nützt auch zur Entgiftung einer vorangegangenen chemischen Behandlung.
- Knötchen oder Pusteln »schmelzen« nach einer Behandlung mit Silicea D12, 3x täglich bis zu 14 Tage lang gegeben. Verdickungen der Haut oder Wunden, die durch ständiges Abkratzen des Heilschorfes entstanden sind, sprechen besser auf Silicea D30 an, wenn man es 3x täglich für 4 bis 8 Tage verabreicht. Das lindert auch den Juckreiz.
- Zur Prophylaxe bietet sich Ledum D200 an, eine Gabe alle 4 Wochen, oder Ledum D1000 alle 4 Monate, zum Schutz vor Zecken, Läusen, Haarlingen und Flöhen.
- Milben soll Apis D30 abschrecken, 2x im Abstand von 2 Tagen gegeben, mit einer Wiederholung nach jeweils 6 Monaten.

Verlassen Sie sich aber bitte nicht allein auf die Wirkung dieser Vorsorge, ohne entsprechende Hygiene und Pflege kann auch sie keine Wunder vollbringen! Genießt Mieze Eigengrün oder lässt sich am Streunen nicht hindern, wäre doch eher schnöde Chemie angesagt ...

- Seit einiger Zeit ist ein neues Wundermittel auf dem Markt: STRONG HOLD (Pfizer), dessen Wirkstoff Selamectin (mit Einschränkung) alles mögliche vernichten soll, was da so kreucht und fleucht.

Für Homöopathie-Neueinsteiger: Eine Gabe bedeutet 1 Tablette oder 1 MSP Pulver oder 5-10 Globuli (Körnchen). KEINE Tropfen (alkoholhaltig!). Die meisten Mittel sind in allen Darreichungsformen erhältlich. Kaufen Sie daher jene, die Sie am leichtesten in Ihre Katze hineinbringen. Globuli »wachsen« Mieze ganz gern wieder aus den Mundwinkeln, haben Sie daher keine Angst vor einer Überdosierung, wenn Sie wiederholen müssen!! Das einfachste Handling bieten Tabletten oder Pulver. Geht gar nichts, schmuggeln Sie's unter ein kleines Häppchen vom Lieblingsfutter ... (oder: siehe letztes Kapitel).
Viel Erfolg – Mieze wird es Ihnen zu danken wissen!

Es ist als Spot-on erhältlich, das (wie alle in dieser Darreichungsform erhältlichen Mittel) auf der Nackenhaut zwischen den Schulterblättern aufgebracht wird (KEINE Berührung der Kontaktstelle während der folgenden halben Stunde!) und darf auch bei säugenden und trächtigen Katzen 1x pro Monat angewendet werden – der Wirkstoff geht allerdings ins Blut und wird damit über Leber/Niere ausgeschieden, weshalb eine zeitmäßig nicht übermäßig großzügige Handhabung angezeigt scheint.
Wie das Mittel überhaupt eher zur Prävention tauglich ist (und nicht bei bereits bestehendem massiven Befall), zum Beispiel wenn eine Reihe von Ausstellungen ansteht oder Ihre Katze aushäusig Hochzeit macht respektive der Herr Kater eine fremde Dame beglücken soll. Oder eben für Freigänger.
Die Wirkung auf Flöhe und Zecken ist allerdings nicht gegeben, dafür rafft das Zeug sämtliche gängigen Milbenarten und Endoparasiten (Würmer = Lungenwurm, Herzwurm, Bandwurm, Spulwurm, Hakenwurm etc.) dahin, womit wir elegant die Kurve zum nächsten Kapitel gekratzt hätten ...

Ein »reiches« Innenleben – Würmer und Einzeller

Haben Sie schon mal vom Hydatigera taeniaeformis gehört? Könnte durchaus Ihr Nachbar sein ... Hinter dieser blumigen Bezeichnung versteckt sich der gewöhnliche Katzenbandwurm – und er kommt in den besten Familien vor ... Aber vermutlich ist Ihnen herzlich egal, wie die Dinger nun heißen, darum will ich Sie nicht weiter mit ellen-

Meine Mama wird regelmäßig entwurmt, drum kann sie mir auch keine Spulwürmer vererben. Foto: Zacze

langen, unaussprechlichen Namen langweilen. Wesentlich ist auch hier, woran man Wurmbefall erkennt und wie man ihn wieder los wird. Die Erkennung der Art ist für die Bekämpfung zwar unerlässlich, gehört aber – abgesehen von der obligaten Vorsorge durch den Katzenhalter – in den meisten Fällen in die Hände oder zumindest Aufsicht eines Fachmannes. Weil: nicht alle sind bloß »gemeine Hauswürmer«, manche sind ganz schön gefinkelte Biester, salopp ausgedrückt, und können sowohl Mieze als auch dem Menschen ziemlich zu schaffen machen.
Und damit mir die medizinisch geschulten Leser nicht gleich jegliche Kompetenz absprechen sei noch erwähnt, dass Einzeller keine Würmer sind. Für die Erkennung und Bekämpfung ist das nur bedingt von Belang, weshalb Sie mir hoffentlich die zeitweise Vereinheitlichung gestatten.

Wie kommt der Wurm ins »Getriebe«?

Entweder direkt (Katze-Katze, Hund-Katze) oder indirekt, in den meisten Fällen oral über einen Zwischen- beziehungsweise Transportwirt (Beutetiere): Bandwürmer, Spulwürmer, Hakenwürmer, Lungenwürmer, Saugwürmer, Kokzidien. Aber auch perkutan (= aktiv durch die Haut): Hakenwürmer. Oder galaktogen (= über die Muttermilch): Spulwürmer. Toxoplasmose kann auch praenatal (= im Mutterleib) auf den Fetus übertragen werden.
Die Maus im Haus ist, wie alle kleinen Nager, diesbezüglich ein sehr vielseitiges Tier und kann unsere Mieze mit den meisten vorkommenden Parasiten »versorgen«. Wie überhaupt die nachfolgenden Tabellen verdeutlichen, dass in erster Linie freilaufende Katzen (da reicht schon ein Handtuch-großes Vorgärtlein) betroffen sind und sich zudem eine Infektion häufig gar nicht vermeiden lässt. Abgesehen von unhygienischen Haltungsbedingungen und Fütterungsfehlern (wie etwa roher Fisch) steht ganz oben auf der Liste als Feind Nummer eins der ja mittlerweile schon sattsam bekannte Floh, der Mieze ganz gern mit Bandwürmern bewirtet ...
Ohne einen gezielten Verdacht wird sich der Tierarzt daher zunächst nach Ihrer Wurmprophylaxe erkundigen und dann mit herkömmlichen Medikamenten dem Durchfall zu Leibe rücken. Spricht Mieze nur in der Anfangsphase darauf an und trotz weiterer Gabe oder neuer Therapie kehrt der Durchfall immer wieder, sollte man nicht länger herumprobieren, welches Mittel denn nun doch helfen könnte. Zwei

Keine Angst vor kleinen Tieren – vernünftige Hygiene reicht zum ungetrübten Glück im Haus. Foto: Binder.

Wochen Behandlung ohne durchschlagenden Erfolg können sogar aus einem respektablen Brummer ein bedauernswertes Gerippe machen. So manches bemitleidenswerte Opfertier wird hin und wieder bis an den Rand des Grabes auf Durchfall behandelt, bevor jemand auf die glorreiche Idee einer Kotuntersuchung kommt (eine »Technik«, deren sich seltsamerweise die meisten Tierärzte nicht sonderlich befleißen) – und endlich, hurra! Würmer konstatiert. Und das Problem (hoffentlich) noch reversibel macht.

EMPFEHLUNG: Egal, ob Sie in Eigenregie werken möchten oder lieber den Veterinär aufsuchen – wenn Sie den »Schuldigen« nicht kennen = bei jeglicher Art von Durchfall, der länger als drei Tage anhält, sollten Sie VOR Beginn einer Therapie eine Kotuntersuchung auf Bakterien, Viren und Parasiten (sicher ist besser) machen lassen (Vet.med.-Unikliniken und Labors sind dafür zuständig). Auch manche Tierärzte sind dafür eingerichtet.

Leider sind zwar nicht alle Stadien einer Parasitose im Kot nachweisbar, aber es ist eine Chance, die man unbedingt nutzen sollte (und die Mieze nicht zusätzlich belastet). Sie verlieren keine kostbare Zeit und der Tierarzt kann aufgrund des bekannten Erregers ohne Umschweife gezielt und zuverlässig eingreifen.

II.I Da ist der Wurm drin – Darmparasiten

Einzeller und Würmer gehören zu den Endo-(= in, innen)-Parasiten, sie leben als Schmarotzer im Körperinneren und rufen als deutlichstes Erkennungsmerkmal hartnäckigen, häufig schwerwiegenden Durchfall hervor, der hin und wieder durch Perioden von Verstopfung unterbrochen wird.

Der Befall mit Einzellern kann leider nicht immer verhindert werden, da die für uns relevanten Arten auch außerhalb eines Wirtes (zum Teil bis zu einem Jahr) überleben und so die Infektion weitergeben können. Die besten Vorsorgemaßnahmen sind peinliche Hygiene und Vermeidung beziehungsweise Vorbehandlung von Futterfleisch aus gefährdeten Tieren (vorwiegend Schwein, Schaf, Fisch).

➢ TIPP: Erhitzen auf mindestens +70°C oder Einfrieren bei -20°C (über wenigstens vier Tage) tötet die Parasiten sicher ab und macht das Fleisch auch für den Menschen wieder unbedenklich genießbar. Ob's dann noch schmeckt, ist allerdings eine andere Frage.

Würmer oder deren Entwicklungsstadien gehören zu den am meisten vorkommenden Plagegeistern unserer Katzen, die nicht nur aus hygienischem Interesse, sondern auch aus human-pathogenen Gründen besondere Aufmerksamkeit verlangen. Auch hier macht die fehlende Immunabwehr Jungtiere besonders anfällig. Für eine sinnvolle Prophylaxe und Therapie ist eine exakte Diagnose wichtig. Entdecken Sie Würmer im Kot oder »Reiskörner« an den Höschen, schaufeln Sie's in einen leeren Joghurtbecher und tragen sie es samt Katze zügig zum Tierarzt.

In Körben lässt sich's nicht nur fein schlummern, sondern auch gut »vermehren«.
Foto: Cermak

STECKBRIEF DARMPARASITEN			
Übertragung	Symptome	Gefahren/Mensch	Anmerkung
Giardia cati Oral von Tier zu Tier (= etwa bei gegenseitiger Fellpflege) oder über: Nagetiere, rohes Schweine-/Schaffleisch, rohe (auch Rinder-) Leber, Exkremente (Garten) oder schmutzige Katzentoiletten	Nicht oder nur schwer beeinflussbarer Durchfall, schleimig, gelegentlich mit Blut. Starker Befall vorwiegend bei jungen (oft mit Erbrechen) oder schwachen Tieren. Alte Katzen können symptomlose Ausscheider sein. Kann unbehandelt durch extreme Austrocknung, Schwäche (und Apathie) zum Tod führen.	Giardien sind auf den Menschen übertragbar, eine krankmachende Wirkung jedoch nicht zweifelsfrei erwiesen. Bei vermehrtem Auftreten wurde Durchfall beobachtet, der vorwiegend Kinder betraf.	Kommen beim Hund wesentlich häufiger vor. Bei dichter Tierhaltung, schlechten Lebensbedingungen oder fehlerhafter Fütterung Massenbefall möglich. Im Freien über Wochen lebensfähig = Verschleppung durch Fliegen und Vögel.
Nachweis: Kotuntersuchung. Therapie: Tierarzt			

Kokzidien (Isospora Arten) wie Giardia cati	Leichte Darminfektion ohne besondere Symptome, die bei guter Kondition nach etwa einer Woche wieder abklingt – junge oder geschwächte Katzen geben einen guten Nährboden für massiven Befall: dünnbreiiger, auch wässriger, starker (selten blutiger) Durchfall, dann Fieber, Appetitlosigkeit, Abmagerung, Austrocknung. Ohne Behandlung Todesfolge möglich.	Vorwiegend die im Dünndarm von Schweinen vorkommenden Kokzidien (Isospora suis) sind pathogen (= krankmachend) für den Menschen und damit relativ bedeutungslos.	Können in Zwischenwirten (Nagern, Rindern, Schafen) 1-2 Jahre auf den Endwirt – die Katze – »warten«.
Nachweis: Kotuntersuchung. Therapie: Tierarzt			
Trematoden (Egel = Saugwürmer) Durch Verzehr von Larven in rohem Fisch	Schwacher Befall bleibt oft unerkannt. Sonst Appetitlosigkeit, Erbrechen, Durchfall, Gelbsucht, Anämie, Ödeme.	Nicht durch die Katze. Wir infizieren uns wie sie über rohen oder ungenügend geräucherten Fisch.	Die Egel haben eine Lebenszeit von etwa 3 Monaten, parasitieren im Gallengang oder Dünndarm.
Nachweis: Kotuntersuchung (auf Eier und tote Egel), Therapie: Tierarzt			

Katzenbandwurm (Taenia taeniafor.) Oral über rohes Fleisch oder Zwischenwirte (Beutetiere)	Geringgradig häufig ohne Symptome. Starken Befall kennzeichnet Durchfall abwechselnd mit Verstopfung, Appetitlosigkeit, struppiges Fell. Selten: Juckreiz im Analbereich, »Schlitten fahren«	Keine	Häufigster Bandwurm bei freilaufenden Katzen (bis zu 40%).
Nachweis: Kotuntersuchung, Therapie: Tierarzt (Apotheke, wenn die Kotuntersuchung darauf hinweist)			
Gurkenkernbandwurm (Dipylidium c.) Durch Verschlucken infizierter Flöhe oder Haarlinge	Starker Juckreiz am After, »Schlitten fahren«, bei starkem Befall Verdauungsstörungen, Abmagerung, glanzloses Fell. Tierarzt!, weil: Darmverschluss möglich.	Orale Infektion durch Wurmlarven im Katzenfell denkbar.	Siehe Flöhe und Haarlinge
Nachweis: frische Bandwurmglieder sehen wie Gurkenkerne aus, eingetrocknet wie Reiskörner (im Kot, am After und im Fell drumherum). Sonst: Kotuntersuchung, Therapie: Tierarzt (Apotheke, wenn die Diagnose eindeutig ist)			

Fuchsbandwurm (Echinococcus m.) Oral über Zwischenwirte (Beutetiere)	Verdauungsstörungen und Durchfall bei gehäuftem Vorkommen (entwickelt sich in Katze und Hund).	Infektionsquelle ist viel weniger die Katze als Waldfrüchte = Pilze, Beeren, sowie nicht gewaschener Salat. Verbreitung über Regen, Wind und Schnecken! Durchwuchern meist unerkannt über Jahre (!) krebsartig Organe (Leber, Lunge etc.), kann unbehandelt zum Tod führen.	Der Wurm bleibt 5-6 Monate lebensfähig, die Eier trotzen -18°C, können aber durch Kochen (100°C) abgetötet werden. Vorkommen in Europa steigend.
Nachweis: Periodisch zu wiederholende Kotuntersuchung (Bandwurmglieder werden nicht regelmäßig ausgeschieden). Therapie: Tierarzt, weil: gezielte Hygienemaßnahmen erforderlich, da die Eier im Kot durch herkömmliche Medikamente meist nicht abgetötet werden. Handelsübliche Desinfektionsmittel sind wirkungslos.			

Spulwürmer (Toxocara cati) Oral über infizierte Nager und Kot. Jungtiere definitiv über die Muttermilch = während der gesamten Säugeperiode (selten über die Plazenta)	Schleimiger Durchfall. Appetitlosigkeit, Abmagerung, struppiges Fell. Bei Jungtieren häufig Blähbauch, gestörte Entwicklung.	Gelangen die im Fell klebenden Eier über Umwege in den Mund und Darm, können die wandernden Larven Asthma, Epilepsie, Erblindung, Leberentzündung etc. auslösen. Sandkästen sind potentielle Gefahrenquellen für Freigänger (Kot).	Der mit Abstand häufigste Wurmbefall bei Katzen! Täglich werden Tausende Eier produziert. Kapseln sie sich in der Muskulatur ab, werden sie durch Trächtigkeit wieder aktiviert.
Nachweis: Kotuntersuchung, Würmer in Kot und Erbrochenem (weiß, Wollfaden-artig, bis zu 12 cm lang). Therapie und Vorsorge: *regelmäßige Entwurmung* (ab dem Babyalter) *sollte für jede Katze obligat sein (auch bei Sofatigern).*			
Hakenwürmer (Ancylostoma tub.) Die Larven dringen (von Gräsern) direkt in die Haut der Katze oder über Transportwirte (Nager) und wandern bis in den Dünndarm.	Blutig gestreifter, schleimiger Kot. Struppiges Fell, Schwäche, oft Husten, Abmagerung, Anämie mit Todesfolge bei Jungtieren.	Die Larven wandern (= »Hautmaulwurf«) auch durch menschliche Haut, starker Juckreiz. Sichtbar erhabene (fadenförmige), entzündete Bohrgänge.	Relativ häufig, bei ca. 10-17% der Freigänger. Weiterentwicklung in Wohnungen möglich.
Nachweis: Kotuntersuchung, Therapie und Vorsorge: regelmäßige Entwurmung (ab dem Jungtier-Alter). Erkrankte Jungtiere müssen unbedingt konditioniert und daher dem Veterinär vorgestellt werden.			

Selbst die allergründlichste Katzenwäsche kann zur Vorsorge bei Freigängern nicht reichen. Foto: Binder

Letztens kam aus diesem Papierchen so ein grausliches Pulver – also trag ich's lieber gleich weg, bevor jemand auf dumme Gedanken kommt ... Foto: Prodelal

III.II Mutterfreuden oder was? – Toxoplasmose

Toxoplasmose geistert immer noch wie ein Gespenst durch die Gemüter der Zweibeiner, wenn Nachwuchs in Planung oder Erwartung ist und viele Katzen müssen den neuen kleinen Erdenbürger mit einer Ausweisung aus dem Paradies bezahlen. Das Thema ist – genauso wie werdende Mütter – extrem sensibel, weshalb ich hier gesondert darauf eingehen möchte.
Zunächst scheint nicht allgemein bekannt, dass 1. fast die Hälfte aller Erwachsenen infolge ihrer Essgewohnheiten bereits einmal die Toxoplasmose unbemerkt durchlaufen haben und daher immun sind (= eine »überstandene« Infektion kommt einer Impfung gleich). Und 2. automatisch bei allen Schwangeren ein diesbezüglicher Test durchgeführt wird (oder beim Gynäkologen angefordert werden kann/soll/muss). Der »anderen Hälfte« = den serologisch negativen Frauen sei empfohlen

- die geliebte Katze bis zur Geburt des Kindes nicht mehr zu »küssen«
- nach Streichel-(= Speichel)-Kontakt die Hände zu waschen
- sie schweren Herzens aus dem Bett zu verbannen und
- die Futterzubereitung sowie das Säubern der Katzentoilette (70-80° heißes Wasser, spezielle Desinfektionsmittel) sicherheitshalber dem treusorgenden Ehemann zu überlassen (oder Gummihandschuhe zu benützen)
- Kontakt zu Streunern zu vermeiden und last but not least
- jegliches Tatar vom (eigenen) Speisezettel zu verbannen

Gleiches Vorgehen gilt für Menschen mit Immunschwäche, die allerdings extrem gefährdet sind = Aids-Patienten etwa oder Personen, deren Immunsystem aufgrund hoher Dauermedikation, Chemotherapie etc. nur zu reduzierter Abwehrkraft imstande ist. Hier ist eine akute Erkrankung sogar (sofern sie unbehandelt bleibt) mit tödlichem Verlauf möglich, weil sich der Erreger ungehemmt vermehren und dabei nahezu jedes Organ befallen kann.
Um welche Situation es sich nun auch handelt, so sei doch geraten, zuerst die Katze testen zu lassen, bevor man ihr rüde das Heimatrecht entzieht (oder schlimmstenfalls tatsächlich entziehen muss):

- Wandern Sie ins nächste Labor und lassen eine Kotprobe untersuchen. Achtung: liegt die Infektion schon einen oder mehrere Monat/e zurück, verläuft die Kotuntersuchung meist ergebnislos, weshalb zusätzlich eine serologische Überprüfung (PCR, ELISA, SFT etc.) notwendig ist.

- Selbstverständlich können sich auch nicht-schwangere Zweibeiner über eine serologische Blutuntersuchung (Labor) Gewissheit verschaffen. Eine Infektion lässt sich mittels Sulfonamiden erfolgreich therapieren.

Schematische Darstellung des Lebenszyklus von Toxoplasma gondii (nach Mehlhorn):

A = Endwirt Katze.
B = Zwischenwirt-Typ I.
(= Pflanzen- oder Allesfresser), Infektion erfolgt über Katzenkot.
C = Zwischenwirt-Typ II.
(= Fleischfresser), Infektion erfolgt durch Aufnahme von Erregern in rohem Fleisch.

1. Oozyste (= unreife Eizelle) in frischem Katzenkot
2. Oozyste mit Sporozysten (= Larvenstadium) und infektionsfähigen Sporozoiten nach 2-3 Tagen Lagerung im Freien
3. Sporozoiten werden im Darm des Zwischenwirtes frei, wenn Oozysten oral aufgenommen wurden
4. Vermehrungsphase innerhalb von Abwehrzellen:
ständige Teilungen führen zur Überschwemmung
5. Freies Stadium auf dem Weg in verschiedene Organe (u.a. in 8)
6. Zystenbildung in Zellen des Gehirns und der Muskulatur (Wartestadien)
7. Zystenmerozoit/en (können über Jahre infektiös bleiben): nachdem ihn ein Fleischfresser aufgenommen hat, dringt er in Abwehrzellen des neuen Wirtes ein und wiederholt die gleiche Entwicklung wie in Zwischenwirt I (dies gilt zunächst auch für die Katze). In ihr entstehen aber schließlich wieder Oozysten (1).
8. Bei Schwangeren ohne Vorinfektion (!) können bei Infektion während der Schwangerschaft Parasiten über die Fruchtblasenwand in den Fötus vordringen.

Siehe Abbildung rechts

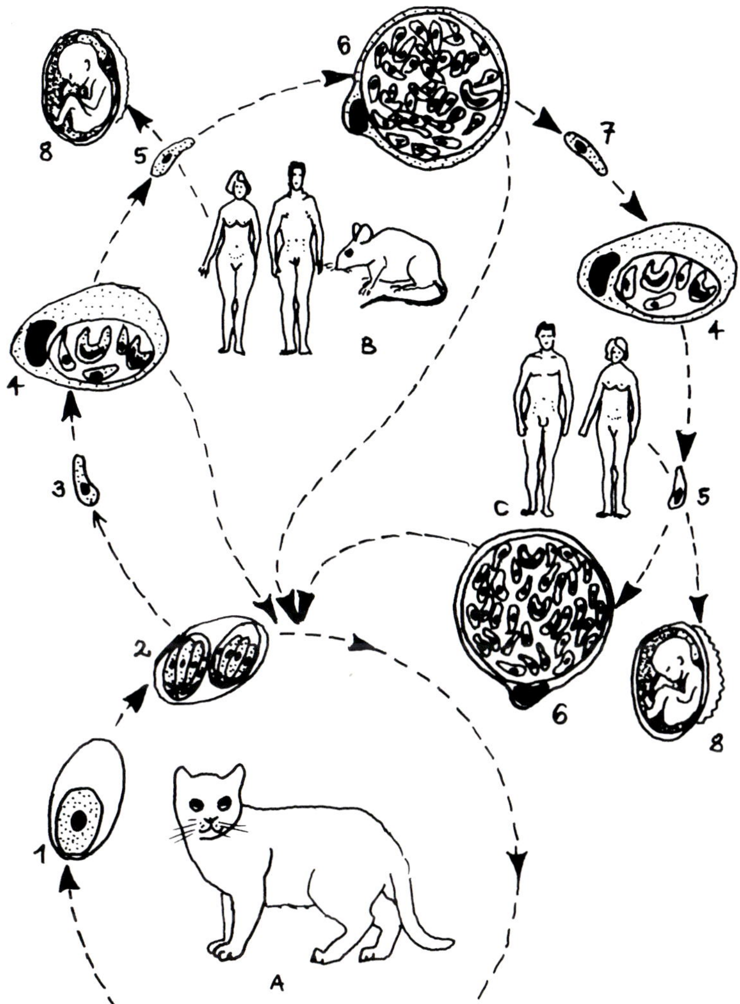
1
2
3
4
5
6
7
8
A
B
C

STECKBRIEF TOXOPLASMOSE		
Übertragung	Symptome/Katze	Anmerkung
Toxoplasma gondii Oral über Zwischenwirte (Nager) oder rohes Schweine-, Schaffleisch. Befallen Darm, Leber, Milz, Muskulatur und Gehirn	Üblicherweise keine, aber eher leichter (Therapie resistenter) Durchfall ist möglich, ebenso wie erhöhte Temperatur und Schläfrigkeit. Chronischer Verlauf: Appetitlosigkeit, Fieberschübe, Leber- und Herzmuskelschäden, Gehirnhautentzündung.	Im Uterus übertragene Erreger können neugeborene Kätzchen genauso schwer schädigen wie menschliche Babys.
Nachweis: Kot- und serologische Untersuchung, Therapie: Tierarzt. Eine Dauermedikation über das Futter unterdrückt nahezu völlig die Ausscheidung von Oozysten (= unreife Eizellen)		

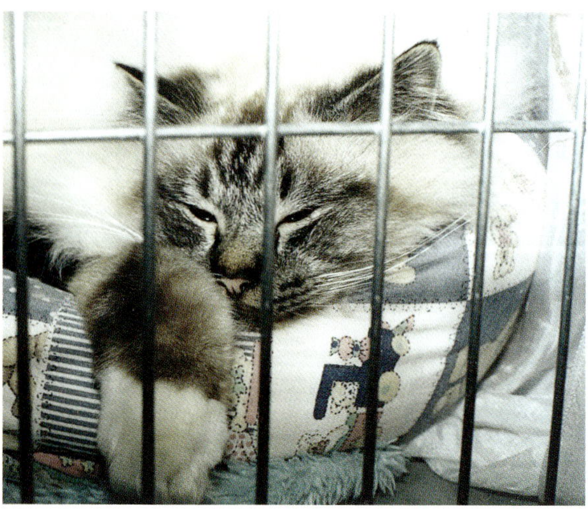

Das Gitter eines Ausstellungskäfigs ist für wanderfreudige oder hüpfende Untermieter klarerweise kein Hindernis – und weil nicht jeder Teilnehmer so gepflegt ist wie dieser, wird das kleine Appartement vor dem Einzug sicherheitshalber »eingenebelt«.
Foto: Cermak

III.III Üble Gesellen: Magen-, Nieren- und Lungenwürmer

Der Magenwurm scheint ein bisschen zu »boomen«, denn etwa 40% aller freilaufenden Katzen (in Europa) sind betroffen, ebenso Hunde, Füchse und Schweine. Schätzt Mieze die Freuden der Natur, ist er praktisch nicht zu vermeiden - lediglich mittels rigoroser häuslicher Inhaftierung, was sich eine gewohnheitsmäßig Wanderfreudige kaum gefallen lassen wird. Ergo ist zur Auffindung wieder einmal das menschliche Adlerauge gefragt ...

Ich warte lieber draußen, bis Frauchen mit dem Hausputz fertig ist. Foto: Niesel

STECKBRIEF MAGENWÜRMER			
Übertragung	Symptome/Katze	Symptome/Mensch	Anmerkung
Magenwürmer (Ollulanus tric.) Oral durch Fressen von Würmern (max. 1 mm lang). Leben und entwickeln sich im Magen	Schwacher Befall kann (anfangs) unbemerkt bleiben. Jedoch ist bei Nichtbehandlung eine ständige Selbstinfektion möglich, die zu hoher Durchseuchung mit Abmagerung, Schwäche, Gastritis, extremer Schleimbildung, Brechreiz und Erbrechen führt = damit gelangen die adulten Würmer ins Freie und bleiben 1-2 Wochen lebens- und wieder aufnahmefähig.	Es besteht keinerlei Infektionsgefahr.	Jede Art von Stress sowie andere Krankheiten begünstigen eine Massen-Entwicklung.
Nachweis: durch ca. 1 mm lange, fadenartige Würmer in Erbrochenem oder durch Magenspülung. Eier und Larven werden NICHT mit dem Kot ausgeschieden. Therapie: Tierarzt.			

An mich traut sich kein ekliges Gesocks, denn ich bin eine exzellent gepflegte, rundum gesunde Katze – drum seh' ich auch so zufrieden aus! Foto: Binder

Essen Sie gern Sashimi? Ich will Ihnen wahrlich nicht den Appetit verderben, denn japanische Köche sind bekannt für den feinfühligen Umgang mit für uns unüblichen Genüssen (wenn wir zum Beispiel an die doppelsinnig delikaten Geschichten über die Zubereitung von Kugelfisch denken) ... Fische nämlich sind beliebte Wirte für einen glücklicherweise relativ seltenen Gast: den nicht nur vergleichsweise wirklich riesigen, blutroten Nierenwurm, der mit 20-100 cm Länge und 5-12 cm Dicke schon fast ein »Lindwurm« ist ... Liegt also öfter mal (in diesem Fall etwas weniger bekömmlicher) roher Fisch auf Miezes wie auf unserem Tellerchen, oder die Süße bekundet eine ungesunde Vorliebe für Regenwürmer, dann ist möglicherweise schon mal mit einer reichlich ekligen Überraschung der besonderen Art zu rechnen ... Allein der Gedanke lässt beherzt vorsorgen ...

Ich seh', ich seh', was du nicht siehst ... krabbelt da was? Ob ich hier oben sicher bin? Na, notfalls zieh ich eben noch den Kopf ein!
Foto: Samwald

STECKBRIEF NIERENWÜRMER

Übertragung	Symptome/Katze	Symptome/Mensch	Anmerkung
Nierenwürmer (Dictophyme r.) Oral durch Fressen von infizierten Ringelwürmern oder rohem Fisch. Leben und entwickeln sich im Magen	Das Leitsymptom ist Blut im Urin, gefolgt von massiven Nierenstörungen und auch bakteriellen Entzündungen bis hin zum vollständigen Nierenversagen.	Infektion durch Verzehr von rohem Fisch – nicht durch die Katze! – mit gleichem Krankheitsverlauf.	Der adulte Wurm produziert 1-3 Jahre lang Eier, die mit dem Urin ins Freie gelangen
Nachweis: Mikroskopischer Nachweis der dickschaligen Eier im Urin. Therapie: Tierarzt. Die Würmer müssen mittels chirurgischem Eingriff entfernt werden.			

Die weltweit verbreiteten Lungenwürmer treten in unseren Breiten bei Katzen relativ häufig auf (zwischen 2 und 20% der Freigänger) und finden sich auch im Hund, sodass bei einer vierbeinigen Gemeinschaft eine gegenseitige Ansteckung erfolgen kann. Lungenwürmer gibt es gleich in mehreren Arten, deren Unterscheidung zum Erkennen und Therapieren im Prinzip unerheblich ist. Für uns relevant sind (aufgrund ihres Vorkommens) nur zwei.

STECKBRIEF LUNGENWÜRMER			
Übertragung	Symptome/Katze	Symptome/Mensch	Anmerkung
Lungenwürmer (Ollulanus tric.) Oral durch Fressen von Zwischenwirten, direkt über infizierte Tiere **Lungenhaarwurm** Oral über kleinere Wildtiere	Schwacher Befall kann (anfangs) unbemerkt bleiben. Danach Husten, Niesen, Schleimauswurf. Später Appetitlosigkeit, Abmagerung, struppiges Fell, Schwäche – starker Befall kann durch Sekundärinfektionen ohne Behandlung zum Tod führen.	Es besteht keinerlei Infektionsgefahr.	Die Larven gelangen über Nasensekret und Kot ins Freie, werden von Zwischenwirten (Schnecken, Frösche, Reptilien, Vögel, Nager) aufgenommen und gelangen zusammen mit dieser »Beute« wieder in die Katze zurück. In der Lunge entwickelt sich der Wurm (1-3 cm groß) und der Zyklus beginnt erneut.
Nachweis: Mikroskopischer Nachweis der Larven und Eier im Kot oder Speichel. Therapie: Tierarzt.			

III.IV Vampir unterwegs – Blutparasiten

Dazu zählen die schon bei den Zecken erwähnten einzelligen Parasiten (wie Babesien), die, weil Tendenz steigend und wirklich sehr gefährlich, hier noch einmal »persönlich« vorgestellt werden. Und der eher exotische Herzwurm, der nur der Vollständigkeit halber (die sowieso nicht gegeben sein kann und hier auch nicht wichtig ist) noch erwähnt sei, da er vermehrt aus südlichen Urlaubsländern eingeschleppt wird. Bevorzugter Wirt ist eigentlich der Hund, dessen Lungenarterie und rechte Herzkammer sie besiedeln und sich (logischerweise) von Blut ernähren. Sie werden bis zu 30 cm lang! – haben auch gegen Katze nichts einzuwenden und reifen in dieser zwischen sechs und neun Monate zu Adulten heran, können im Gastgeber aber bis zu fünf, sechs Jahre (!) überleben. Spärlich vorkommend also, aber dann echte »Hämmer«.

Stofftapeten – hurra! Sie könnten allerdings durchaus anderwärts »bewohnt« sein. Foto: Gojakovich

STECKBRIEF BLUTPARASITEN			
Übertragung	Symptome/Katze	Symptome/Mensch	Anmerkung
Babesia felis, Hämobartonellose, Hepatozoonose Durch den Stich oder das Fressen von Schildzecken. Liegen auf den roten Blutkörperchen.	Fieber, Anämie, Apathie, Gelbsucht, Sehbeschwerden und generelle Schwäche. Ohne Behandlung tödlicher Verlauf.	Keine Bedrohung für den Menschen.	Auch Hunde sind Babesia-gefährdet = Babesia Canis = braune Hundezecke.
Nachweis: Blutabstrich oder Knochenmarkpunktierung. Therapie: Tierarzt.			
Herzwurm (Dirofilaria immitis) Durch den Stich Blut saugender Mückenweibchen	Starker Husten, Blut im Speichel, Müdigkeit, Ödeme, Schwellungen, Lebervergrößerung, Erweiterung der rechten Herzkammer. Ohne Behandlung tödlicher Verlauf möglich.	Übertragung von der Katze nicht möglich, aber infizierte Mücken können natürlich auch Menschen stechen.	Die meist nur für den Hund zugelassenen Substanzen (= zum Teil extrem toxisch) dürfen NUR über Dosierung eines Tierarztes gegeben werden.
Nachweis: über Blutausstrich und aufgrund typischer Symptome der Gefäße. Therapie: Tierarzt, der zudem Antihistaminika gegen allergische Reaktionen (Fremdeiweiß durch den plötzlichen Tod der relativ großen Würmer) verabreichen muss, um Tod durch Schock zu verhindern.			

Ich bin klein, mein Herz ist rein – und mein Zweibeiner lässt keine Parasiten herein ... Foto: Wald

III.V Weg von der Überholspur: Trichinen

Als zu den wesentlichsten Parasitosen gehörend, sollen sie nicht unerwähnt bleiben, sie sind aber glücklicherweise durch entsprechende Hygiene in unseren Breiten so ziemlich ausgestorben. Lieblingswirt ist das Schwein, weshalb in der Europäischen Gemeinschaft das Schweinefleisch als wichtigste Infektionsmöglichkeit einer gesetzlichen Kontrolle unterliegt und wir Westeuropäer einigermaßen »aus dem Schneider« sind. Als natürliches Reservoir gelten allerdings unter anderem auch Ratten, Hunde, Wildschweine ...

Trichinella spiralis kann allen »Fleischfressern« – also auch dem Menschen – gefährlich werden. Der adulte (= erwachsene) Wurm sitzt nur kurze Zeit im Darm, die Larven dringen über die Blutbahn ins Innere von Muskelfasern und verkap-

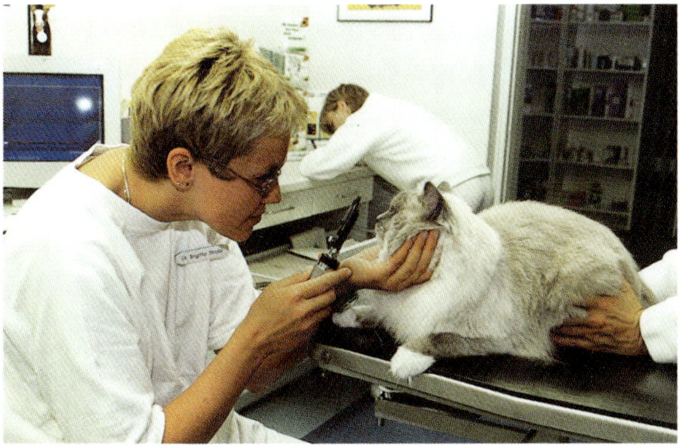

Frau Doktor nimmt's genau – und hat ein gutes Händchen, drum halt' ich auch brav still. Foto: Wald

seln sich dort – und bleiben bis zu 30 Jahre (!) infektionsfähig. Freilich meist unbemerkt, jedoch können erwachsene Würmer Durchfall und Fieber hervorrufen, während die Larven für Muskelschmerzen, beschleunigte Atmung bis Atemnot und sogar Atemstillstand »sorgen«. Also: Streichen Sie rohes Schweinefleisch und Bärenschinken vom allgemeinen Speisezettel ...

III.VI Die schreckliche Hinrichtung – Vorsorge und Kampfansage

Relativ einfach. Zunächst sollte das Rundum-Service-Programm für jede Mieze außer den üblichen Impfungen und regelmäßiger Ohren- und Zahnkontrolle auch eine Wurmprophylaxe gegen die am häufigsten vorkommenden Rund(Spul)würmer enthalten: meist mit Tabletten oder Paste, auch per Injektion ist möglich – was immer Ihr Tierarzt oder Sie bevorzugen. Die gern empfohlene Anwendung in dreimonatigen Abständen bei reinen Wohnungskatzen halte ich freilich für ebenso übertrieben wie eine Erstbehandlung von Kitten im Alter von zehn (!) Tagen, mit wöchentlichen Wiederholungen, – VORAUSGESETZT, dass es sich um Vorsorge und nicht um die Bekämpfung festgestellter Schmarotzer handelt!!

Ich entwurme alle meine erwachsenen Katzen eine Woche vor der Auffrischungs-Impfung (mit Helman) und die Kitten (mit Ban-

Was ist? Ich kann meine Freiheit vollen Herzens genießen, denn ich hab' mir kluge Zweibeiner zugelegt. Foto: Spanitz

minth) jeweils eine Woche vor der Grundimmunisierung und hatte in beinahe zwanzig Jahren noch niemals über Wurmbefall (abgesehen von Bandwürmern aufgrund Flohbefall) zu klagen – allerdings sind es Wohnungskatzen, die gelegentlich mal auf eine Ausstellung

Im Gras soll's nur so wimmeln, sagt mein Mensch, drum tropft er mir immer wieder mal so ein stinkiges Zeugs ins Genick. Foto: Binder

kamen (da spazieren Würmer ja nicht einfach so herum), aber auch der sommerliche Garten-Gehege-Genuss blieb nach eingehender Beäugung sämtlicher darin befindlicher Gewächse ohne »bewohnte Folgen«.

Kann Mieze ständig aus dem Haus (in den gesamten Garten oder sogar über den Zaun), ist die Gefahr einer Neuinfektion selbstverständlich häufig bis regelmäßig gegeben und Sie müssen 1. öfter entwurmen und 2. zur Sicherheit hin und wieder eine Bandwurmkur vornehmen – auch wenn Sie (noch) keine Anzeichen dafür gefunden haben.

Gegen die häufigsten (Rund- und Band)-Wurmarten sind eine Reihe wirkungsvoller Präparate – auch mit Breitbandwirkung (Drontal) – auf dem Markt, gegen Bandwürmer sogar als Spot-on = auf die Nackenhaut zu träufeln (Droncit), die bereits bei einmaliger Gabe zuverlässig alle Untermieter eliminieren. Bei (selten auftretender) Unverträglichkeit kann auf Piperazinsalze (Helman) zurückgegriffen werden. Vor allem sollten Sie das bei den Flöhen schon erwähnte Spot-on »Strong Hold« in Ihre Überlegungen zum Schutz von Freigängern mit einbeziehen.

»In einem Tag wurmlos glücklich« versprechen die Hersteller – und Mieze hat ein sorgenfreies Leben ohne lästige Gäste. Damit hier

Wenn ihr mal ein gutes Versteck braucht, Freunde – glaubt mir: hier sucht euch keiner! Foto: Laut

bestimmt nichts schief läuft – immerhin sind es giftige Substanzen – sollten Sie kundige Beratung nicht verschmähen. »Zur Sicherheit« einfach grade mal so alles mögliche in die Katze reinstopfen, ist ohne Zweifel der falsche Weg und kann sie weniger schützen, denn belasten ... sie wird sich bestenfalls etwa die arme kleine Seele aus dem Leib kotzen ... Vergiftungen sind nicht ausgeschlossen!

Der Tierarzt und das liebe Vieh

Da ausgesprochen seltene Parasiten einer chemotherapeutischen Behandlung bedürfen, zum Teil schwerer zugänglich und gelegentlich sogar nur post mortem (= nach dem Tod) zu diagnostizieren sind, sollten sich selbst enorm gestresste Zweibeiner für eine regelmäßige nähere Betrachtung samt Körperpflege ihres feliden Gefährten erwärmen.
Sie ist mindestens genauso wichtig wie ein guter Veterinär, der sich bereitwillig mit allen Fragen überfallen lässt, sich um eine verständliche Antwort jenseits des Mediziner-Suaheli bemüht und unseren Sorgen und Problemen den nötigen Ernst entgegenbringt. Vorausgesetzt, wir holen ihn nicht permanent zu nachtschlafener Zeit aus den Federn, weil wir nicht vorhandene Flöhe husten hören. Es ist enorm wichtig, nicht sofort fluchtartig zum Veterinär zu rennen, wenn Mieze mal »komisch« guckt, sondern durch Beobachtung (weiterer) Veränderungen in ihrem Verhalten oder Aussehen einen wesentlichen Beitrag zur richtigen Therapie liefern zu können. Natürlich nicht durch »Warten ohne Ende« – wer seine Katze liebt und sein Leben wirklich mit ihr teilt, entwickelt ein feines Gespür für den richtigen Zeitpunkt, ob's »brennt« oder nicht. Schließlich ist ein Medikus kein Wunderheiler und muss sich bei unklaren Symptomen erst an die Ursache herantasten – das bedeutet bei konservativen Tierärzten leider oft eine »08/15«-Behandlung, während junge, dynamische Universitätsabgänger die Katze gleich an den Tropf hängen ... Die Halbgötter in Weiß mögen mir vergeben, es ist nicht persönlich gemeint, sondern die Summe sowohl meiner Erfahrungen als auch einer Unzahl von frustrierten Tierbesitzern, mit denen ich viele Jahre per Serviceline gesprochen habe.
Ein Tierarzt, der auch ein Partner ist, lässt sich nicht einmal mit Gold aufwiegen – also behandeln wir ihn pfleglich. Sonst kann es passieren, dass er in seiner Verzweiflung den Zweibeiner »behandelt«, nämlich der völlig gesunden Katze eine absolut unnötige (dennoch un-

schädliche) Vitaminspritze in den Allerwertesten jagt, weil der Mensch ohne den übergreifenden Rettungsgedanken des Allheilmittels »Spritze« samt Obolus in Nerven beruhigender Höhe (weil: was teuer ist, muss einfach gesund sein) nicht von der Matte weicht.

Auch wir müssen uns als Partner erweisen (das kann man lernen), dabei ist Logik gefragt, denn nicht alles lässt sich erklären, nicht jede Erkrankung gibt ihre Ursache preis. Und ist auch nicht immer der Schlüssel zum Erfolg. Wichtig ist im Endeffekt, dass der Katze geholfen wird, wenn sie es braucht, und dass wir wieder unverrichteter Dinge heimgeschickt werden, wenn wir überreagiert haben. Das Gleichgewicht hier herauszufinden ist sicherlich nicht leicht und erfordert einige Erfahrung, die sich verständlicherweise erst nach und nach einstellen kann. Dieser Ratgeber (wörtlich genommen) soll Ihnen darum auch zur richtigen Distanz – und Einschätzung – verhelfen, denn leider rechtfertigt nicht jeder, der studiert hat, unser Vertrauen und ist auch ein König auf seinem Gebiet. Als Grundsatz mag hier gelten, dass wirkliche Kompetenz in einzelnen Bereichen (bei jedem Men-

Zehn auf einen Streich ... da braucht der Mensch System, wenn's ans vorbeugende Wurmpaste-verabreichen geht. Foto: Kikinger

schen, ganz egal welchen Beruf er ausübt) nur aus der ständigen Konfrontation damit erwachsen kann. Ein Medikus, der noch nie einen Allergie-Patienten hatte, wird logischerweise die Therapie nicht aus dem Ärmel schütteln können und auf die Erfahrung anderer zurückgreifen müssen. Ist er »gut«, wird er das auch tun, denn die meisten Kollegen pflegen Spezialgebiete.

Ich denke, jeder Veterinär (wie meiner, danke!) wird einen Zweibeiner zu schätzen wissen, der sich für seine Arbeit interessiert und sie mittels angeeignetem Wissen durchaus auch unterstützen kann. Und jeder Katzenbesitzer wird einen Tierarzt hoch achten, der ihm zuhört und passende Hinweis richtig umzusetzen weiß.

Denn wir alle sind auf gegenseitiges Vertrauen angewiesen. Zum Wohle der Tiere.

Die beste Hausfrau von allen

Mangelnde Hygiene und hohe Populationsdichte auf engem Raum fördern – abgesehen vom freien Auslauf – die Verbreitung und Entwicklung von Parasitosen enorm = Stress! Das ist leicht nachvollziehbar. Mit maximaler Lebensqualität, die eine vernunftbegabte Vorsorge einschließt, schaffen Sie ein sicheres Netz. Gute Beobachtung – schon stumpfes Fell oder sogar Aggression können Hinweise auf Unerfreulichkeiten sein – und damit Früherkennung tun ein Übriges, um die Bekämpfung sicher zu gewährleisten, denn gegen (fast) alles ist ein Kraut gewachsen.

Dennoch sollten Sie sich vor »zu viel« Hygiene hüten, denn wer unaufhörlich mit dem Desinfektionsspray in der Gegend herumwedelt, vernichtet auch gutartige Bakterien, die das Immunsystem zum klaglosen Funktionieren nötig hat – keine Glasglocke!

Viele Zweibeiner schlagen sich auch mit einer Ungezieferphobie herum, die durch das Lesen dieses Büchleins vielleicht zur Hochform auflaufen könnte – wir neigen nun mal zu latenter Gruselbereitschaft. Ich hatte nicht vor, den Schlaf Ihrer Nächte zu belasten, sondern Sie lediglich für alle Möglichkeiten zu sensibilisieren.

Sollten sie nun trotzdem eine Gänsehaut bekommen haben und es allenthalben krabbeln und jucken spüren, möge das abschließende Kapitel zur vielleicht heiteren Ablenkung und Beruhigung des aufgescheuchten Nervenkostüms beitragen ... abgesehen vom hoffentlich doch auch ein wenig lehrreichen Nachhall ...

IV. Die Sache mit der Pille

Nein, nicht was Sie denken – es geht nicht um Verhüterli ... hier handelt es sich um die bemerkenswertesten Erfahrungen, um nicht zu sagen wahrhaft dramatischen Momente im Leben eines Katzenbesitzers. Nämlich um den Versuch, seinem Liebling ins Mäulchen zu gucken in der Hoffnung, dabei womöglich auch noch etwas total Entbehrliches einwerfen zu können. Was bisweilen heldenhaft grenzenloser Selbstaufopferung bedarf ... oder unerschöpflicher Erfindungsgabe ... oder Durchhaltevermögen ... oder am besten alles zusammen!

Bevor ich Sie also zum Abschluss mit dem absolut ultimativen Ernst des Lebens konfrontiere – nämlich dem erfolgreichen Eingeben einer Pille oder Paste – noch ein wenig aus der Praxis geplaudert. Damit

Oh, oh – sie haben die gefährliche Schublade mit den Pillen aufgemacht. Mal sehen, ob der Hosen-tragende Zweibeiner jetzt wieder mit der Leiter anrückt ...
Foto: Kilian

Sie noch einen Moment Zeit zum tief Luft holen haben, bevor wir mutig zur Sache kommen. Bleibt Ihnen derlei (zur Zeit) erspart, betrachten Sie's aus dem hilfreichen Blickwinkel der Vorbereitung ...

Als im Jahre Schnee bei meinem allerersten Katzentier, Friedrich dem Großen (der seinem Namen alle Ehre machte), die regelmäßige Wurmkur anstand, streifte mich nicht mal eine Ahnung, dass ich nun meine Reifeprüfung abzulegen hatte. Der schlicht Fritzi Genannte übernahm im zarten Alter von geschätzten fünf Monaten mein Heim und der Tierarzt den Erstkontakt mit der Gesundheitsvorsorge. Alles »no problem«, meinte der Doc damals fröhlich und zeigte mir wie's ging: Klappe auf, Pille rein, Klappe zu. Ich war beeindruckt. Allerdings nur bis zum Tag X.

Der damit anfing, dass Fritzi nicht aufzufinden war (das hat er bis ins Greisenalter beibehalten). Schließlich entdeckte ich ihn unter einem leger-eleganten Arrangement von Sofakissen und ... was soll ich Ihnen sagen? Klappe auf, Pille rein, Klappe zu. Geradezu lächerlich. Fritzi schloss wieder die Augen und ich eilte, eine Belohnung zu holen. Als ich damit wiederkam, lag die Pille einsam auf einem Kissen. Also das Ganze von vorn. Diesmal öffnete Fritzi die Augen und schloss dafür eisern die Kiefer. Unglaublich, welche Kraft in so einem kleinen Tier steckt! Ich lockte mit dem Leckerli, schwupp machte die Zunge und weg war's, während die Pille natürlich noch auf meinem Finger klebte, logisch. Beim dritten Versuch setzte er sich bereits auf und schielte auf meine schraubstockartigen Hantierungen, die ihn aber dennoch nicht sonderlich zu beeindrucken schienen. Ich beschwor und flötete ... schließlich erbarmte er sich meiner und öffneten artig das Mäulchen ... als die Brösel der sich mittlerweile in Auflösung befindlichen Pille sachte auf das Sofa sanken. Ich holte eine neue. Drei Mal spuckte er sie schneller aus, als ich sie einwerfen konnte, dann beendete auch sie vergrämt ihr Leben und zerfiel. Bei der

Mama ... kann ich schon runterkommen? ... Foto: Binder

... nein, sie hat noch immer die Pille in der Hand ... Foto: Binder

dritten Pille war Fritzi der Spielchen wohl leid, denn trotz argwöhnischer Beobachtung quoll sie nirgendwo wieder hervor. Braaaaver Kater! Später fand ich sie in einer Sofaritze – heute weiß ich, dass er sie listig in den Lefzen deponiert hatte ... Kommt Ihnen das irgendwie bekannt vor?
Mittlerweile, zig Katzen später, habe ich mein diesbezügliches Universitätsstudium summa cum laude abgeschlossen und bin Meister im Pille-einwerfen. Was zugegeben einen mageren Trost abgibt, wenn Sie vielleicht gerade in der Grundschule sitzen und Ihre Nerven einem Netzhemdchen gleichen ... und die Tabletten im Schächtelchen rapide schwinden.

Der Racheengel

Nicht viele Katzen sind so geduldig wie Fritzi und begnügen sich mit unaggressiver Vereitelung, wenn sie es mit einem hoffnungslos unaufgeklärten Zweibeiner zu tun haben. Manche spucken die Pille aus und schlagen ihre netten kleinen Zähnchen in der gleichen Sekunde in die Hand, die sie sonst so streichelweich schätzen. Oder setzen die krallenbewehrten Vorderpfoten ein, vom schlichten Tatzenhieb bis zur tiefen Furche im Unterarm oder quer überm Gesicht ist alles schon mal dagewesen. Auch Brillen können eine unerwartete Flugübung machen und so mancher Mensch hat plötzlich einen neuen Scheitel. Fauchen, spucken, kratzen, beißen und dann ab durch die Mitte mit einem Affenzahn. Mieze ist stinkbeleidigt und beargwöhnt jedwede Bewegung, sogar Streichel- und Beruhigungsversuche werden gelegentlich mit bösem Knurren abgewehrt. Wir haben uns eindeutig unverzeihlich schlecht benommen. Da hängt der Haussegen reichlich schief und es dauert und dauert, bis uns verziehen wird. Vergessen wird Mieze eine täppische Vergewaltigung allerdings nie, weshalb Übung angeraten scheint. Das kann man wirklich (siehe unten)!

Liebe kleine Katzenkinderchen, so geht die Mär, sind da wesentlich leichter im Handling. Denkste: die Miniatur-Beißerchen in den Fingern und die Krallen aller vier Pfoten im Unterarm kann der so malträtierte Mensch mit dem »Anhängsel« nur mehr Richtung Hausapotheke düsen. Weniger Kratzbürstige scheinen plötzlich mit einer Unzahl von Beinchen zu rudern und sich in Sekundenschnelle wie ein Aal aus der Hand zu winden, bevor sie für die nächsten Stunden im Nirwana verschwinden. Weshalb man Kitten vorwiegend mit der leichter einzugebenden Wurmpaste zu überlisten sucht – die allerdings auch eine fatale Neigung zum Herausquellen hat und zudem wie ein Sprühregen über alles in der Nähe befindliche gespuckt werden kann. Findige pappen daher die Paste auf die Katzenpfote, darauf vertrauend, dass die Sauberfrau sofort das derart entweihte Pelzchen durch Ablecken reinigt und so das gelbe Zeugs seinen Bestimmungsort erreicht – Scherz lass nach! Meine gesamte Test-Crew (aller Altersklassen) lief danach tagelang mit verklebtem Fell herum, bis die Paste das fossile Stadium erreichte und einfach abfiel. Erst dann putzten sie sich wieder ausgiebig ... Aber es soll in der Tat Katzen geben, bei denen dieser Trick tatsächlich fruchtet.

Fachmann gefragt

Nun, mit flatternden Nerven und zittrigen Händen geht gar nichts. Und mit absolut rüder Gewalt eigentlich auch nicht. List und Tücke trifft's schon eher. Umfragen bei ähnlich Geschädigten haben mannigfaltig Lehrreiches ergeben. Zunächst: ist die Katze nicht willig, steht ein Mensch allein auf verlorenem Posten. Darüber herrscht Einigkeit, während für die Verhaftung an sich jeder seine eigenen Tricks parat hat. Wer's nicht hinkriegt oder es sich mit seiner Katze nicht total verscherzen will, kann als einfachste Lösung ja zum Tierarzt pilgern. Der hat das immerhin gelernt. Gelegentlich findet halt die Not-

Sofern weder giftig noch gespritzt, zählen Zimmerpflanzen zum ungefährlichen Grün»genuss«. Foto: Binder

arzt-reife Schramme im Honorar Berücksichtigung ...
Bei Kratzbürsten ergeht hin und wieder die Empfehlung, Mieze in ein Handtuch zu wickeln, was ich ohne Arglist zu reinen Übungszwecken in die Tat umzusetzen versuchte. Und kläglich gescheitert bin. Irgendeine Pfote war immer draußen und abwehrbereit. Ich hätte die Testkatze schon bandagieren müssen wie eine ägyptische Mumie, was aber ohne mehrere helfende Hände auch nicht möglich gewesen wäre. Die Idee des Tablettenversteckens in begehrlich duftenden Häppchen allerdings wurde von meiner Versuchsreihe mit stürmischer Begeisterung aufgenommen. Da keine Widrigkeiten anstanden, habe ich geviertelte Tabs verwendet und meine Bande verdrükkte dazu ein viertel Pfund Leberwurst. Gleiches funktionierte mit Frischkäse und festen Butterstükkchen wörtlich wie geschmiert. Bei einer späteren Wiederholung mit einer echten Tablette gammelte »das« Häppchen auf dem Küchenfußboden still vor sich hin ... weil ich sie zugucken ließ. Unterschätze niemals die Intelligenz deiner Sofatiger!

Tipp

Mieze riecht den faulen Zauber garantiert. Daher den tückischen Angriff klammheimlich (etwa sechs Häppchen pro Katze) vorbereiten und relativ zügig hintereinander reichen, damit sie keine Zeit für Untersuchungen hat. Nummer vier ist das »gelinkte« und wird genauso gierig geschluckt wie alle anderen – sofern es nicht zu klein ist und die Pille hervorlugt beziehungsweise zu groß, und Mieze beißen muss!!

Eine Pille ins Futter zu schwindeln geht auch, vorausgesetzt sie ist sehr klein (Filmtabletten) – dann versenken Sie sie in einem nussgroßen Stück vom Lieblings-Dosenfutter (sofern derlei genehm) und servieren die restliche Mahlzeit erst, wenn die präparierte Vorspeise ihre Bestimmung gefunden hat. Kann man die Tablette zerbröseln, wird sie mit an Sicherheit grenzender Wahrscheinlichkeit eklig-bitter schmecken: Nehmen Sie eine Thunfisch-Dose und präparieren mehrere kleine Stückchen mit festen Tablettenbrösel – oder siehe Kasten!

Nach dem Scheitern meines Debüts war ich mit Fritzi zwecks Nachhilfeunterricht zum Tierarzt gefahren, der milde lächelte und seine Glanzleistung – schön langsam zum Mitschreiben – wiederholte. Richtig gemacht, ohne Maggenkribbeln und mit ruhigen Händen funktioniert es nämlich auch in slowmotion:

Hinterlistig, als wolle er ihn streicheln, legte er Fritzi die linke Hand auf den Kopf, drückte ihm rechts und links Daumen und Mittelfinger leicht in die Lefzen, zog dabei den Kopf etwas in die Höhe und gleichzeitig mit dem rechten Zeigefinger den Unterkiefer nach unten. Die so entstandene Öffnung arretierte er mit ein klein wenig einwärts-vorgerücktem linkem Daumen/Mittelfinger. Dann reingucken, zielen und Pille in den Schlund (tiefste Stelle, NICHT auf die Zunge!) fallen lassen. Klappe kurz zuhalten und vielleicht ein wenig Hals-abwärts-streicheln oder sachte auf den Kehlkopf drücken, um eine Schluckbewegung auszulösen. Fertig! Gut geübt (siehe unten) ist der Spuk in maximal fünf bis zehn Sekunden vorbei.

Mancher Veterinär verwendet eine Pillenzange, die wie eine immens lange Pinzette aussieht und nicht jeder Katze geheuer vorkommt – präzise gezielt geht es ohne genauso gut.

Katze (und Doktor) loben ist obligat. Hat es zu Hause auch geklappt, dann hilft ein Stückchen Butter oder Leckerchen ähnlicher Konsistenz hinterdrein, das blöde Gefühl des »Pille-klebt-im-Hals« vertreiben und wird außerdem als Entschuldigung für den Überfall gern angenommen.

Übung macht den Meister

Wurmpaste: Eine kleine Menge möglichst tief platziert (mit der Plastikspritze geht das ja) spritzen und das Mäulchen für drei Sekunden zuhalten (bitte nicht länger, Mieze kriegt Panik und Sie müssen es büßen) – das verhindert auch hartnäckiges Bemühen, das Eklige herauszuwürgen. Außerdem wird dabei verstärkt Speichel gebildet, der die Paste ein wenig verdünnt und durch das Zuhalten schneller wieder zurückfließt. Bei erwachsenen Katzen müsste man das mehrmals wiederholen, weshalb eine Tablette besser geeignet ist.

Manche Medikamente gibt's nur in Pastenform: dann ziehen Sie in einer Plastikspritze zuerst 1/2 ml Wasser auf und danach direkt aus der Tube die benötigte Menge Paste. Das Wasser verhindert, dass von der Paste zu viel in der Spritze bleibt und stimuliert außerdem den Schluckmechanismus. Sonst wie oben.

Tabletten: Eingeben wie vorher beschrieben. Üben am besten mit kleinen Stückchen von den Lieblings-Tabs. Erst riechen lassen, dann: »Action!« Geduld und weises Aufhören (bevor Miezes Laune auf Null sinkt) sind der Weg, Schnelligkeit das Ziel.

Kriegt Mieze schon beim Kopfüber-greifen oder Unterkiefer-runterdrücken die Panik, dann ginge das nur (mindestens) zu zweit und ziemlich brutal (oder nicht mal dann). Sehr oft sind das Katzen, die das rechte Lernvermögen vermissen lassen – höflich ausgedrückt – und bei allem, das nur im Entferntesten mit Verhaftung zu tun hat, übernervös bis hysterisch reagieren. Durch die Aufregung kann auch der Magen rebellieren und sie erbrechen die Tablette wieder und/oder rennen spuckend und lange Speichelfäden ziehend durch die ganze Wohnung. Und gehen ihrem Menschen misstrauisch tagelang aus dem Weg. Das muss nicht sein. Wenn der erste Versuch genau solches Verhalten zeigt, sollten Sie's lassen und besser auf die Versteck-Methode zurückgreifen. Um diese zu durchschauen, fehlt meist genau jenen Miezen der nötige Durchblick – nicht alle Katzen stecken uns in die Tasche. In solchen Momenten ist das wahrlich ein Glück!

Wichtig: Streicheln und heftige verbale Belobigung verhelfen Ihnen zu wichtigen Sekunden Ablenkung, bevor Mieze »zu sich« kommt. Bevor sie sich trollt, entscheidet der letzte Eindruck, ob sie den Tort mit »Flucht« in Erinnerung behält oder angenehm. Lassen Sie sie daher niemals sofort das Weite suchen, sondern schmusen Sie noch ein bisschen mit ihr. Das gilt übrigens für alle Übergriffe.

Epilog

Alles wieder im Lot? Oder haben sich neue Abgründe aufgetan?
Es ist mir völlig klar, dass für ungeübte Katzenbesitzer allerlei ein »spanisches Dorf« ist und zur Verunsicherung beiträgt – und sich vor allem aus der Perspektive meiner langjährigen Praxis darüber »leicht reden« lässt. Während Sie tätig werden müssen. Aber auch ich habe einmal »klein« angefangen, siehe oben, und mein Lehrgeld bezahlt. Jeglichen »Cent« kann ich Ihnen leider auch nicht ersparen, aber ich hoffe, Sie auf den richtigen Weg gebracht zu haben.

Es liegt in unserer Hand: von Anfang an, ein Leben lang... wohl behütet und beschützt. Foto: Temsch

Literatur zum Thema

Birgit und Heinz Mehlhorn
Gesunde Katzen
Berlin/Heidelberg/1993
Ein wahrhaft segensreiches Werk, das unverständlicherweise nicht mehr aufgelegt wird

Birgit und Heinz Mehlhorn
Zecken, Milben, Fliegen, Schaben
Berlin/Heidelberg/1992
Über alles Krabbelzeugs, das dem Menschen so passieren kann

Kraft/Dürr (Hrsg.)
Katzenkrankheiten
Hannover/1985 (2. Auflage)
Für »Fortgeschrittene«

Christopher Day
Homöopathischer Ratgeber Heimtiere
München/1992
Für Homöopathie-Geübte

Katzenzeitschriften

KATZEN extra
Symposion Verlag
www.symposion-online.de

Our Cats
Minerva Verlag

Katzen Magazin
RoRoPress Schweiz

Die Edelkatze
Erster DEKZV e. V.

Geliebte Katze
Gong Verlag

Rund um die Katze

Die erfolgreiche Reihe aus dem Müller-Rüschlikon-Verlag begleitet den Katzenbesitzer Schritt für Schritt durch alle möglichen Stadien eines »Lebens mit der Katze«. Die einzelnen Bände bauen aufeinander auf und ergänzen sich. Die Inhalte bieten wertvolle Hilfestellungen rund um das Miteinander von Katze und Mensch und tragen dazu bei, die Katze zu verstehen und Fehler im Umgang mit ihr zu vermeiden.

Sabine Jansen-Nöllenburg
Katze und Kind
92 Seiten, 35 Farbbilder
Bestell-Nr. 41373

Sabine Jansen-Nöllenburg
Unsere Katze bekommt Junge
96 Seiten, 35 Farbbilder
Bestell-Nr. 41390

Sabine Jansen-Nöllenburg
Wir wollen eine Katze
96 Seiten, 36 Farbbilder
Bestell-Nr. 41358

Sabine Jansen-Nöllenburg
Unsere Katze zieht ein
96 Seiten, 35 Farbbilder
Bestell-Nr. 41359

Sabine Jansen-Nöllenburg
Wie Katzen mit uns reden
96 Seiten, 35 Farbbilder
Bestell-Nr. 41374

Sabine Jansen-Nöllenburg
So bleibt die Katze gesund
96 Seiten, 35 Farbbilder
Bestell-Nr. 41417

Christine Klinka
Unsere Katze spinnt
96 Seiten, 32 Farbbilder, 4 Zeichnungen
Bestell-Nr. 41416

Christine Klinka
Wir stellen unsere Katze aus
96 Seiten, 35 Farbbilder
Bestell-Nr. 41391

Christine Klinka
Wie Katz' und Hund
96 Seiten, 35 Farbbilder
Bestell-Nr. 41455

Christine Klinka
Müssen Katzen wirklich raus?
96 Seiten, 35 Farbbilder
Bestell-Nr. 41439

Christine Klinka
Meine Katze ist allergisch!
96 Seiten, 37 Farbbilder
Bestell-Nr. 41440

Die Reihe wird laufend erweitert und kostet pro Band € 7,95
sFr 14,20/€(A) 8,20

Angela Sayer/Howard Loxton
Katzen und ihre Welt
176 Seiten, 270 Farbbilder
Bestell-Nr. 41405 **€ 26,–**
sFr 43,80/€(A) 26,80

Sabine Jansen-Nöllenburg, **Rassekatzen kaufen mit Verstand**
224 Seiten, 107 Farbbilder
Bestell-Nr. 41330 **€ 22,–**
sFr 37,10/€(A) 22,70

David Alderton
Die Katze – der kleine Tiger
144 Seiten, 173 Farbbilder, 31 Zeichn.
Bestell-Nr. 41298 **€ 16,–**
sFr 27,50/€(A) 16,50

Ihr Verlag für Katzen-Bücher

Gewerbestraße 10, CH-6330 Cham
Postfach 4161, CH-6304 Zug
Telefon ++41(0)41 740 30 40
Telefax ++41(0)41 741 71 15

Müller Rüschlikon

Stand Januar 2003
Änderungen in Preis und Lieferfähigkeit vorbehalten